U0117717

职业教育"动漫设计制作"专业系列教材
"文化创意"产业在职岗位培训系列教材

3ds Max
动漫设计

金光/主编　李妍　陈晓群/副主编

清华大学出版社

北京

内 容 简 介

3ds Max 是一款功能强大、应用领域广泛的三维动画设计软件。本教材介绍了 3ds Max 2011 的强大功能。全书共分为 6 章,包括 3ds Max 入门,基础建模,材质、灯光、摄像机及环境,动画制作,游戏模型创建,游戏角色动画等内容。为配合高职高专院校动漫专业和艺术设计各个专业方向应用人才的培养目标,本教材以大量的案例设计为主导,注重三维设计流程、环节和操作步骤的讲解及应用技术与技能的训练。书中提及的案例素材可登录清华大学出版社网站(http://www.tup.com.cn),从本书的教学资源链接中免费下载。

本教材既适用于专升本及高职高专院校动漫和艺术设计专业相关课程的教学,也可以作为游戏动漫企业和艺术设计公司从业者的培训教材,对于广大的三维动画自学者也是一部非常有益的参考读物。

本书封面贴有清华大学出版社防伪标签,无标签者不得销售。

版权所有,侵权必究。侵权举报电话:010-62782989 13701121933

图书在版编目(CIP)数据

3ds Max 动漫设计 / 金光主编. —北京:清华大学出版社,2012.9
(职业教育"动漫设计制作"专业系列教材 "文化创意"产业在职岗位培训系列教材)
ISBN 978-7-302-29373-6

Ⅰ.①3… Ⅱ.①金… Ⅲ.①三维动画软件-高等职业教育-教材 Ⅳ.①TP391.41

中国版本图书馆 CIP 数据核字(2012)第 158559 号

责任编辑:田在儒
封面设计:李 丹
责任校对:李 梅
责任印制:沈 露

出版发行:清华大学出版社
    网   址:http://www.tup.com.cn,http://www.wqbook.com
    地   址:北京清华大学学研大厦 A 座 邮 编:100084
    社 总 机:010-62770175 邮 购:010-62786544
    投稿与读者服务:010-62776969,c-service@tup.tsinghua.edu.cn
    质 量 反 馈:010-62772015,zhiliang@tup.tsinghua.edu.cn
    课 件 下 载:http://www.tup.com.cn,010-62795764
印 刷 者:清华大学印刷厂
装 订 者:三河市溧源装订厂
经   销:全国新华书店
开   本:185mm×260mm 印 张:15.25 字 数:344 千字
版   次:2012 年 9 月第 1 版 印 次:2012 年 9 月第 1 次印刷
印   数:1~3000
定   价:29.00 元

产品编号:048178-01

系列教材编审委员会

主　任：牟惟仲

副主任：宋承敏　　冀俊杰　　张昌连　　李大军　　王　阳
　　　　吕一中　　田卫平　　张建国　　王　松　　车亚军
　　　　宁雪娟　　田小梅

委　员：孟繁昌　　鲍东梅　　吴晓慧　　李　洁　　林玲玲
　　　　温　智　　吴　霞　　赵　红　　吴　琳　　李　冰
　　　　李　璐　　孟红霞　　杜　莉　　李连璧　　李木子
　　　　李笑宇　　陈光义　　许舒云　　高大明　　孙　岩
　　　　顾　静　　王　洋　　杨　林　　林　立　　石宝明
　　　　刘　剑　　李　丁　　王涛鹏　　王桂霞　　陈晓群
　　　　朱凤仙　　樊文春　　丁凤红　　李　鑫　　赵　妍
　　　　刘菲菲　　赵玲玲　　姚　欣　　易　琳　　罗佩华
　　　　王洪瑞　　刘　琨

总策划：李大军

策　划：梁　露　　鲁彦娟　　梁玉清　　王　阳　　温丽华
　　　　吴慧涵

专家组：田卫平　　梁　露　　金　光　　华秋岳　　石宝明
　　　　翟绿绮

3ds Max动漫设计

随着国家经济转型和产业结构调整,2006 年国务院办公厅转发了财政部等部门《关于推动中国动漫产业发展的若干意见》,提出了推动中国动漫产业发展的一系列政策措施,有力地促进和推动了我国动漫产业的快速发展。

据统计 2007 年,国内已有 30 多个动漫产业园区、5400 多家动漫机构、450 多所高校开设了动漫专业、有超过 46 万名动漫专业的在校学生;84 万个各类网站中,动漫网站约有 1.5 万个、占 1.8%,比 2006 年增加了 4000 余个、增长率约为 36%,动漫网页总数达到 5700 万个、增长率为 50%。根据文化部专项调查显示,2010 年中国动漫产业总产值为 470.84 亿元,比 2009 年增长了近 28%。

动漫产品、动漫衍生产品市场空间巨大,每年儿童动漫产品及动漫形象相关衍生产品:食品销售额为 350 亿元、服装销售额达 900 亿元、玩具销售额为 200 亿元、音像制品和各类出版物销售额为 100 亿元,以此合计,中国动漫产业拥有超千亿元产值的巨大市场发展空间。

动漫作为新兴文化创意产业的核心,涉及图书、报刊、电影、电视、音像制品、舞台演出、服装、玩具、电子游戏和销售经营等领域,并在促进商务交往、丰富社会生活、推动民族品牌创建、弘扬古老中华文化等方面发挥着越来越大的作用,已经成为我国创新创意经济发展的"绿色朝阳"产业,在我国经济发展中占有一定的位置。

当前,随着世界经济的高度融合和中国经济的国际化发展,我国动漫设计制作业正面临着全球动漫市场的激烈竞争;随着发达国家动漫设计制作观念、产品、营销方式、运营方式、管理手段的巨大变化,我国动漫设计制作从业者急需更新观念、提高技术应用能力与服务水平、提升作品质量与道德素质,动漫行业和企业也在呼唤"有知识、懂管理、会操作、能执行"的专业实用型人才;加强动漫企业经营管理模式的创新、加速动漫设计制作专业技能型人才培养已成为当前亟待解决的问题。

由于历史原因,我国动漫业起步晚但是发展速度却非常快。目前动漫行业人才缺口高达百万人,因此使得中国动漫设计制作公司及动漫作品难以在世界上处于领先地位,人才问题已经成为制约中国动漫事业发展的主要瓶颈。针对我国高等职业教育"动漫设计制作"专业知识新、教材不配套、重理论轻实践、缺乏实际操作技能训练等问题,为适应社会就业急需、为满足日益增长的动漫市场需求,我们组织多年从事动漫设计制作教学与创作实践活动的国内知名专家、教授及动漫公司业务骨干共同精心编撰本套教材,旨在迅速提高大学生和动漫从业者的专业技术素质,更好地为我国动漫事业的发展服务。

本套系列教材定位于高等职业教育"动漫设计制作"专业,兼顾"动漫"企业员工职业岗位技能培训,适用于动漫设计制作、广告、艺术设计、会展等专业。本套系列教材包括:《动漫概论》、《动漫场景设计造型——动画规律》、《游戏动画设计基础——手绘动画》、《漫画插图技法解析》、《三维动画设计应用》、《动漫视听语言》、《3ds Max 动漫设计》、《Flash 动画设计制作》、《动漫后期合成与编辑》、《动漫设计工作流程》等教材。

本系列教材作为高等职业教育"动漫设计制作"专业的特色教材,坚持以科学发展观为统领,力求严谨,注重与时俱进;在吸收国内外动漫设计制作界权威专家、学者最新科研成果的基础上,融入了动漫设计制作与应用的最新教学理念;依照动漫设计制作活动的基本过程和规律,根据动漫业发展的新形势和新特点,全面贯彻国家新近颁布实施的广告和知识产权法律、法规及动漫业管理规定;按照动漫企业对用人的需求模式,结合解决学生就业、加强职业教育的实际要求;注重校企结合,贴近行业、企业业务实际,强化理论与实践的紧密结合;注重创新、设计制作方法、运作能力、实践技能与岗位应用的培养训练;严守统一的格式化体例设计,并注重教学内容和教材结构的创新。

本系列教材的出版,对帮助学生尽快熟悉动漫设计制作操作规程与业务管理,对帮助学生毕业后能够顺利就业具有积极意义。

编委会
2012 年 6 月

近年来,我国动漫产业在国家鼓励帮扶政策的支持下不仅发展迅猛,而且一直保持着可持续快速增长的良好势头,国产动漫产品数量大幅度增加,质量得到了进一步提升,一大批优秀动漫企业和动漫品牌崭露头角,动漫产业链日益完善,我国动漫产业发展已经从成长期向成熟期过渡,预计今年市场规模有望突破320亿元人民币。

动漫设计与三维动画制作业作为国家文化创意产业的核心支柱,在国际商务交往,促进影视传媒会展发展,丰富社会生活,拉动内需,解决就业,推动经济发展,构建和谐社会和弘扬中华文化等方面发挥着越来越大的作用,已经成为我国服务经济文化发展的重要产业,在我国产业转型、经济发展中占据重要的位置。未来市场对动漫设计、视觉传达设计专业技术人员的需求量越来越大,动漫设计人才有着非常广阔的就业前景。

面对国内外文化创意产业和动漫设计制作业市场的激烈竞争,加强动漫策划创意和动漫设计模式创新,加速动漫设计专业人才的培养已成为当前亟待解决的问题。为了缓解市场需求,培养社会急需的动漫设计专业技能型应用人才,我们组织多年在一线从事动漫设计教学与三维动画创作实践活动的专家教授,共同精心编撰了此教材,旨在迅速提高学生及动漫设计从业者的专业素质,更好地服务于我国文化创意事业。

本教材共6章,以学习者应用能力培养为主线,以动漫设计三维动画制作为导向,以计算机软件操作为载体,根据3ds Max 2011操作使用的基本原则、过程与规律,结合案例教学,帮助学习者能够尽快掌握动漫设计中的基本设计流程和制作方法。

本教材作为职业教育动漫设计专业的特色教材,针对动漫设计课程的教学要求和职业应用能力的培养目标,既注重系统理论知识讲解,又突出实际操作技能与从业训练,力求做到课上讲练结合,重在流程和方法的掌握,课下会用,能够具体应用于广告和动漫设计实际工作之中。这将有助于学生尽快掌握动漫设计应用技能,熟悉业务操作规程,对于学生毕业后顺利走上社会就业具有特殊意义。

本教材由李大军进行总体方案策划并具体组织,由金光主编并统稿,李妍、陈晓群为副主编,由具有丰富教学和实践经验的高大明教授审订。作者分工如下。李妍编写了第1章和第2章,金光编写了第3章,李鑫编写了第4章,陈晓群编写了第5章,王宇编写了第6章,金光、赵妍编写了附录,华燕萍负责文字修改和版式调整,李晓新负责制作教学课件。

在教材编写过程中,我们参阅了大量国内外3ds Max最新书刊和相关网站的资料,借鉴参考了大量典型案例,并得到有关专家教授的具体指导,在此特别致以衷心的感谢。为了配合本书的使用,我们特提供了配套电子课件,读者可以从清华大学出版社网站(www.tup.com.cn)免费下载。由于3ds Max应用发展较快,且作者水平有限,书中难免存在疏漏和不足之处,恳请同行和读者批评指正。

编　者

2012 年 8 月

3ds Max 入门

【本章导读】

3ds Max 由 Autodesk 公司推出,是一个基于 Windows 操作平台的优秀三维制作软件。因其涉及范围较广、功能强大、易于操作等特点,深受广大用户的喜爱。3ds Max 也是当今世界上应用领域最广、使用人数最多的三维动画制作软件之一,使用 3ds Max 可以完成高效建模、材质及灯光的设置,还可以轻松地将对象制作成动画。

【技能要求】

(1) 了解三维动画的基本原理及三维动画的应用;
(2) 熟悉 3ds Max 的界面布局与操作方法;
(3) 熟练掌握 3ds Max 中对象的基本操作;
(4) 掌握 3ds Max 动画制作的一般流程。

1.1 初识 3ds Max 2011

1.1.1 3ds Max 应用概述

3ds Max 是一套在全世界范围应用广泛的建模、动画及渲染软件,随着版本的提高和功能的完善,为使用者提供了更广阔的创作空间,被广泛地应用于影视及娱乐业中,比如片头动画和视频游戏的制作,深深扎根于玩家心中的劳拉角色形象就是 3ds Max 的杰作。它在影视特效方面也有一定的应用,而在国内的建筑效果图和建筑动画制作中发展得相对比较成熟,3ds Max 的使用更是占据了绝对的优势。

1. 电影、电视领域

3ds Max 在电影、电视领域主要用于制作电影、电视片头,电脑特技等。在这些艺术作品中,艺术家的想象力通过计算机动画发挥得淋漓尽致,可产生许多电影、电视实拍达不到的艺术效果,使作品的艺术性得到完美发挥,如图 1-1 所示的广告片头和电影场景。

图 1-1　广告片头和电影场景

2. 游戏领域

在游戏领域，3ds Max 更是发挥了它强大的建模和动画功能。细腻的画面、宏伟的场景和逼真的造型，使游戏大大增加了真实感及观赏性。3D 电脑游戏越来越丰富，游戏玩家越来越多，这正是三维计算机动画所起的重要作用，如图 1-2 所示的游戏场景。

图 1-2　游戏场景

3. 建筑领域

三维计算机动画的一个重要应用就是制作建筑设计效果图。建筑设计效果图广泛地用于工程招标及施工的指导及宣传，在建筑效果图中体现了制作人员的布局思路与设计方案。建筑效果图分为建筑内部和建筑外部效果图，如图 1-3 所示为 3ds Max 制作的室内外效果图。

4. 工业设计

3ds Max 在工业设计中主要用来进行建模，通过 3ds Max 强大的建模功能，设计师可以方便地将图纸直接转换成 3D 模型，创建出有特色的设计作品。图 1-4 所示为 3ds Max 制作的工业模型效果图。

图 1-3　室内外效果图

5. 科研领域

在 3ds Max 中可以利用动画模拟真实系统的运动学、动力学、控制学等行为进行科学实验,既可达到检测系统质量可靠性的目的,又可调节系统模型的参数,使系统处于最佳的运行状态,避免造成资金的巨大浪费,保障人身和设备的安全,如图 1-5 所示的动力学模拟实验。

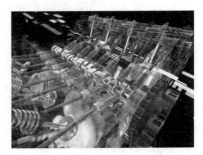

图 1-4　工业模型效果图　　　　　　　　　图 1-5　动力学模拟实验

6. 教学领域

计算机动画用于辅助教学,可以提高学生的感性认识,帮助学生理解和掌握所学内容。

1.1.2　3ds Max 的用户界面

启动 3ds Max 2011,进入用户界面,如图 1-6 所示。

1. 标题栏

3ds Max 2011 的标题栏包括了应用程序按钮、快速访问工具栏、信息中心和窗口控件 4 部分元素。

1)应用程序按钮

(应用程序)按钮是 3ds Max 2011 版开始拥有的一个全新的元素。用户单击该按

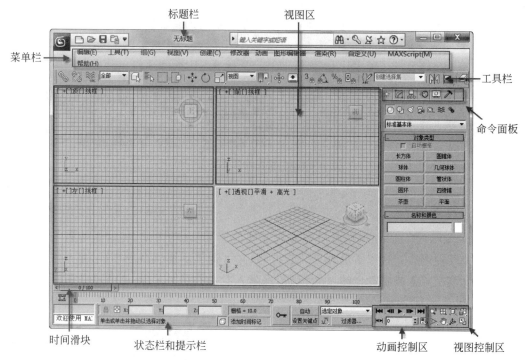

图 1-6　3ds Max 2011 用户界面

钮可以打开菜单浏览器,菜单浏览器中包含了"新建"、"重置"、"打开"、"保存"、"另存为"、"导入"、"导出"、"首选项"、"管理"、"属性"共 10 个一级选项,单击某些选项后的三角按钮,还可以打开该选项的级联菜单,在菜单中提供了子选项。

2)快速访问工具栏

快速访问工具栏包含了一些常用的快捷按钮,便于用户操作。在默认状态下,快速访问工具栏中包括如下 5 个快捷按钮。

    :新建场景按钮　　　　　　　　:打开文件按钮　　　　　　　　:保存场景按钮

    :撤销场景操作按钮　　　　　　:重做场景操作按钮

单击最后的下三角按钮可以展开自定义快速访问工具栏,可以通过选中或取消选中的操作显示或隐藏快速访问工具栏中的快捷按钮。

3)信息中心

可以通过信息中心访问有关 3ds Max 和其他 Autodesk 产品的信息,在"搜索字段"文本框中输入要搜索的文本,然后单击 (搜索结果)按钮或者按 Enter 键即可打开"搜索"对话框显示搜索结果。

2. 菜单栏

通过菜单栏可以方便快速地选择相关命令,各项菜单的功能简介如表 1-1 所示。

表1-1 菜单功能简介

菜单名称	功 能 简 介
编辑	该菜单中的命令主要用于选择、复制、删除对象等操作
工具	该菜单中的命令主要用于调整对象间的移动、对齐、镜像、阵列等操作
组	该菜单中的命令用于对操作对象进行组合和分解
视图	该菜单中的命令主要用于执行与视图有关的操作
创建	该菜单中包含了有关创建对象的命令，并与创建面板上的选项相对应
修改器	该菜单中包含了有关用于修改对象的编辑器
动画	该菜单中包含了与动画相关的命令，用于对动画的运动状态进行设置和约束
图形编辑器	该菜单中的命令用于通过对象运动功能曲线对对象的运动进行控制
渲染	该菜单主要用于设置渲染、环境特效、渲染特效等与渲染有关的操作
自定义	该菜单为用户提供了多种自己定义操作界面的功能，并能够对系统的工作路径、度量单位、网格与捕捉、视窗等内容进行设置
MAX Script	通过该菜单可以应用脚本语言进行编程，以实现MAX操作的功能
帮助	该菜单用于打开提供3ds Max使用的帮助文件及软件注册等相关信息

3. 工具栏

菜单命令虽然很多，但在实际操作中，最常使用的还是工具栏。在3ds Max 2011中，工具栏位于菜单栏的下方，其中放置了常用的功能命令按钮。命令按钮直观形象，通过按钮图标，可以快速判断出按钮的用途，只需单击按钮，即可进行相关的操作。

4. 命令面板

3ds Max中的命令面板位于操作界面的右侧，其中提供了"创建"、"修改"、"层次"、"运动"、"显示"和"工具"6个选项命令面板，单击不同的命令选项按钮，即可实现各选项命令面板之间的切换，如图1-7所示。

创建命令面板

修改命令面板

层次命令面板

运动命令面板

显示命令面板

工具命令面板

图1-7 命令面板

5. 视图窗口

1）视图窗口简介

视图窗口是3ds Max中的操作区域。3ds Max 2011的默认视图窗口是四视图窗口结构，它们分别是"顶"视图、"左"视图、"前"视图和"透视"图，如图1-8所示。

其中，顶视图、左视图、前视图是指场景在该方向上的平行投影效果，所以称为正视图，而透视图则能够表现人视觉上观察对象的透视效果。在使用3ds Max 2011的时候一定要对视图进行充分的认识，了解四个视图窗口的关系，在进行对象的创建时一定要结合四个视图来创建。

除了以上四个视图外，还有"后"视图、"右"视图、"底"视图、"用户"视图、"摄像机"视

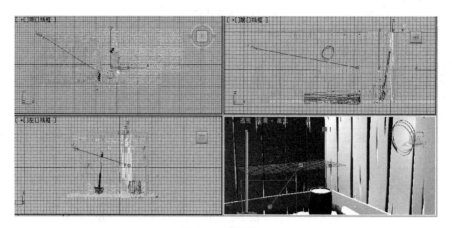

图 1-8　视图窗口

图等其他视图。可以通过快捷键随时快速地切换不同视图来满足建模需要。快捷键及对应的视图如下。

"顶"视图：T　　　　"底"视图：B　　　　"左"视图：L　　　　"前"视图：F

"透视"图：P　　　　"摄像机"视图：C　　　"用户"视图：U

🔒【小技巧】

快捷键：选中某一个视图窗口后，按 Alt＋W 组合键可以将其切换为最大化窗口模式显示，再按 Alt＋W 组合键则返回四视图显示模式。

在每个视图窗口的左上角都有一个由三个标签组成的标签栏。每个标签是一个快捷菜单，用于控制视图窗口显示，如图 1-9 所示。

图 1-9　视图窗口显示菜单

2）调整视图布局

启动 3ds Max 软件，在默认状态下四个视图的大小均相同。如果视图的排列和布局不能满足操作需要，可以根据需要自定义视图的布局和视图个数。

（1）用鼠标调整视图布局

将鼠标指针移到两个视图间的分隔条或所有四个视图的相交处，然后拖动到新位置，释放鼠标后则定义了新的视图窗口布局。

要将视图窗口重置为默认布局,右击视图窗口之间的分隔条,显示"重置布局"按钮,单击此按钮将视图窗口还原为默认的多视图窗口布局。

(2) 使用视图配置菜单命令调整视图布局

单击或右击视图窗口左上角的"常规"标签"＋"号,打开"常规视图窗口标签"菜单。选择"配置"选项,打开"视图窗口配置"对话框,选择"布局"选项卡,再选择一种布局效果,单击"确定"按钮,完成布局调整。

1.1.3　对象的基本操作

1. 对象

3ds Max中的操作都是针对对象进行的,对象指的是创建的每一个事物,如几何体、摄像机、光源、修改器、位图、材质贴图等都是对象。3ds Max的大多数对象都通过参数设置来定义,每一类型的对象具有不同的参数,例如创建一个球体对象,3ds Max用半径和线段数来定义。可以在任何时候改变参数,从而改变该球体的显示形式,也可以使参数连续变化来制作动画。

2. 次对象

3ds Max中的很多修改都是针对对象的次对象进行的,次对象是指被选择和操作的对象的任何组成元素。例如,线对象由"顶点"、"线段"、"样条线"组成,那么"顶点"、"线段"、"样条线"就是对象线的次对象,可以通过"修改"面板来选择次对象,如图 1-10 所示。

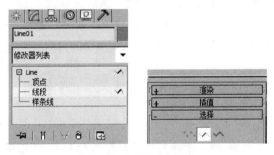

图 1-10　"线段"次对象

在 3ds Max 2011 中,最常见的操作就是给物体添加"编辑网格"修改器,然后可以通过"修改"面板"选择"卷展栏中的按钮来选择次对象。

3. 对象的选择

3ds Max 中的大多数操作都是对场景中的选定对象执行的,必须在视图中选择对象,然后才能应用命令。因此,选择操作是建模和设置动画过程的基础。

1) 用鼠标直接选择物体

(1) 启动 3ds Max 软件,单击快速访问工具栏中的 (打开文件)按钮,打开本书案例文件夹中的"第 1 章\对象的基本操作.max"文件。

（2）单击主工具栏中的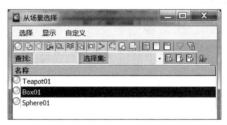（选择对象）按钮，在任意视图中，将鼠标指针移动到要选择的物体上，例如"茶壶"对象，待指针变为小十字叉，单击即可选择该物体。在透视图中（高光平滑模式），被选择的物体周围会出现白色边框；在其他视图中（线框模式），被选中对象会变成白色，被选择的物体上会出现坐标。

（3）按住 Ctrl 键的同时单击对象，可以选择或取消选择对象。例如，如果已选定"茶壶"对象，然后按住 Ctrl 键并单击以选择"球体"和"长方体"对象，则"球体"和"长方体"对象将被添加到选择范围中。如果此时按住 Ctrl 键并单击三个选定对象中的任一个，则会取消选择该对象。

【注意提示】

此外还可以在单击时按住 Alt 键，从所做选择中移除对象。

本书所有案例素材可从清华大学出版社网站（www.tup.com.cn）免费下载使用。

（4）在视图空白处单击，则取消全部对象的选择。

2）按名称选择物体

（1）打开本书案例文件夹中的"第 1 章\对象的基本操作.max"文件。

（2）在主工具栏中，单击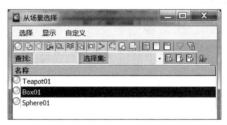（按名称选择）按钮或者按 H 键，打开"从场景选择"窗口，如图 1-11 所示。

（3）在列表中，拖动鼠标或单击可以选择一个或多个对象。按住 Shift 键并单击以选择连续范围的对象，或按住 Ctrl 键并单击以选择非连续的对象。在列表上方的"查找"字段中，可

图 1-11　"从场景选择"窗口

以输入名称以选择该对象，也可以使用星号（＊）和问号（？）作为通配符来选择多个名称。

（4）单击"确定"按钮，完成选择，关闭对话框。

【注意提示】

当场景中有很多对象时，用"选择对象"工具选择对象难免误选，这时最好的办法是选择按名称选择对象。按名称选择对象的前提是知道要选择对象的名称，虽然 3ds Max 会为每一个创建的对象自动赋予一个默认的名称，但是将对象的默认名称改为方便记忆的名称是个好习惯，在完成大型项目时尤其必要。

常用快捷键：全选 Ctrl＋A 键，全部不选 Ctrl＋D 键，反选 Ctrl＋I 键。

4. 对象的移动

利用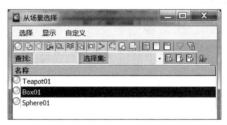（选择并移动）工具可以将对象沿任何一个方向移动，还可以将对象移动到一个绝对坐标位置，或者移动到与当前位置有一定偏移距离的位置。

（1）打开本书案例文件夹中的"第 1 章\对象的基本操作.max"文件，选择要移动的

对象,例如"茶壶"对象。

(2) 在主工具栏中,单击 ✛ (选择并移动)工具,"香水瓶"对象上显示坐标,其中 X 轴为红色,Y 轴为绿色,Z 轴为蓝色。

(3) 在坐标上选定移动方向即方向轴,选定后该轴以黄色显示,拖动鼠标进行对象的移动,例如将"茶壶"对象沿 X 轴方向移动,则 X 轴显示为黄色。如果锁定在单向轴上,则对象只能沿一个方向移动。

🔒【小技巧】

对象的移动可以沿 X、Y 或 Z 轴中任何一个方向也可以沿任意两个轴所在的平面移动。要取消该移动,在释放鼠标前右击,则取消对象的移动。

(4) 通过状态栏,将对象移动到一个绝对坐标位置。在状态栏输入 X、Y 和 Z 的坐标值,如图 1-12 所示。

5. 对象的旋转

利用 ⟳ (选择并旋转)工具,可以将对象进行旋转,通过旋转可以全方位地观察物体。在旋转时注意选定旋转轴,默认选定的轴为 Z 轴。

(1) 打开本书案例文件夹中的"第 1 章\香水瓶.max"文件,选择香水瓶对象。

(2) 在主工具栏中,单击 ⟳ (选择并旋转)工具,"香水瓶"对象上显示旋转坐标。

旋转坐标是根据虚拟轨迹球的概念构建的。可以围绕 X、Y、Z 轴或垂直于视图窗口的轴自由旋转的对象如图 1-13 所示。

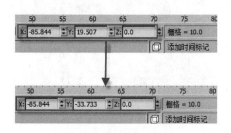

图 1-12 绝对坐标位置

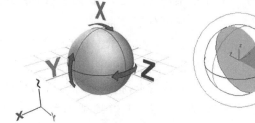

图 1-13 旋转坐标

轴控制柄是围绕轨迹球的圆圈。在任一轴控制柄的任意位置拖动鼠标,可以围绕该轴旋转对象。当围绕 X、Y 或 Z 轴旋转时,一个透明切片会以直观的方式说明旋转方向和旋转量。如果旋转大于 360°,则该切片会重叠,并且着色会变得越来越不透明。视图上还会显示数字数据,以表示精确的旋转度量。

(3) 在坐标上选定旋转方向即旋转轴,选定后该轴以黄色显示,拖动鼠标进行对象的旋转。例如将"香水瓶"对象沿 X 轴方向旋转,则 X 轴显示为黄色,如图 1-14 所示。

🔒【小技巧】

要取消该旋转,在释放鼠标前右击,则取消对象的旋转。

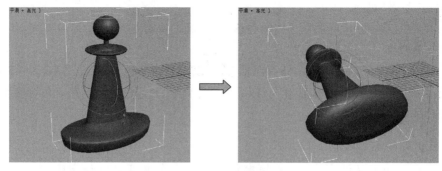

图1-14　旋转对象

6. 对象的缩放

利用 工具,可以将对象进行均匀缩放或者非均匀缩放。均匀缩放指在3个方向X、Y、Z轴上按比例缩放;非均匀缩放指在3个轴上进行不同程度的缩放。

单击"选择并缩放"按钮,不松开鼠标左键,将弹出隐藏按钮。它们用于非均匀缩放对象,使对象在两个方向上缩放不同程度。

1）选择并均匀缩放

使用"选择并缩放"弹出按钮中的 按钮,可以沿所有3个轴以相同量缩放对象,同时保持对象的原始比例。

（1）打开本书案例文件夹中的"第1章\香水瓶.max"文件,选择香水瓶对象。

（2）在主工具栏中,单击 工具,"长方体"对象上显示坐标,如图1-15所示。

（3）在坐标中心位置上,拖动鼠标进行对象的缩放,根据鼠标移动的方向,可以均匀地放大或缩小对象。

图1-15　缩放对象

2）选择并非均匀缩放

使用"选择并缩放"弹出按钮中的 按钮,可以根据活动轴约束以非均匀方式缩放对象,可以限制对象围绕X、Y或Z轴或者任意两个轴的缩放。

（1）打开本书案例文件夹中的"第1章\香水瓶.max"文件,选择香水瓶对象。

（2）在主工具栏中,单击 按钮,"长方体"对象上显示坐标,选择Z轴(或者X、Y,或者XY、XZ、YZ),当Z轴变为黄色后拖动鼠标进行对象的缩放,根据鼠标移动的方向,可以沿Z轴的方向放大或缩小长方体。

3）选择并挤压

"选择并挤压"工具可用于创建卡通片中常见的"挤压和拉伸"样式动画的不同相位,

可以根据活动轴约束来缩放对象。挤压对象势必牵涉到在一个轴上按比例缩小,同时在另两个轴上均匀地按比例增大(反之亦然)。

(1)打开本书案例文件夹中的"第 1 章\香水瓶.max"文件,选择香水瓶对象。

(2)在主工具栏中,单击 ▣ (选择并挤压)工具,"长方体"对象上显示坐标,选择 Z 轴(或者 X、Y,或者 XY、XZ、YZ)。

(3)当 Z 轴变为黄色后,拖动鼠标进行对象的缩放,根据鼠标移动的方向,可以沿Z 轴的方向挤压长方体。

7. 对象的对齐

在创建对象时,经常需要将多个对象按照要求进行排列,其中对齐是常常用到的一种排列变化工具。在 3ds Max 中,主工具栏中的"对齐"按钮提供了 6 种对齐方式,分别为"对齐"、"快速对齐"、"法线对齐"、"放置高光"、"对齐摄像机"、"对齐到视图"。这里主要学习第一种对齐方式,其他对齐方式在后面的案例中再详细学习。

使用"对齐"工具,可以将当前选择与目标选择对齐。目标对象的名称将显示在"对齐当前选择"对话框的标题栏中。

(1)打开本书案例文件夹中的"第 1 章\对齐操作.max"文件,选择源对象"球体"。将"球体"对象与"长方体"对象对齐。

(2)在主工具栏中单击 ▣ (对齐)按钮,选择要对齐的目标对象"长方体",弹出"对齐当前选择"对话框,如图 1-16 所示。

(3)在参数面板上选择如下组合。

① 对齐位置:X 位置;当前对象:轴点;目标对象:轴点。对齐效果如图 1-17(a)所示。

② 对齐位置:Y 位置;当前对象:最大;目标对象:最小。对齐效果如图 1-17(b)所示。

③ 对齐位置:X 位置,Y 位置,Z 位置;当前对象:中心;目标对象:中心。对齐效果如图 1-17(c)所示。

④ 尝试其他参数组合,体会对齐工具的使用。

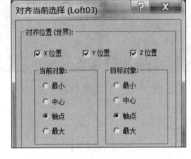

图 1-16　"对齐当前选择"对话框

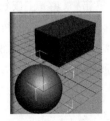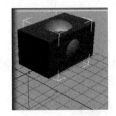

(a)X位置轴点对齐　　(b)Y位置最大和最小对齐　(c)X位置,Y位置,Z位置中心对齐

图 1-17　物体对齐

1.2　3ds Max 动画制作流程

三维动画制作是一个需要耐心的工作,特别是开发大型项目,往往需要更长的时间,但项目的大小基本制作流程是不变的。三维制作基本分为 5 大步骤:确定情节、场景及建模、动画设置、材质和贴图、渲染输出。在实际制作过程中,有时为了得到一个满意的效果,往往需要在某个阶段反复调节。下面通过一个小例子来介绍三维动画制作的过程。

1.2.1　确定情节

制作月球环绕地球运动的三维动画效果,同时设置地球自转效果,效果如图 1-18 所示。

图 1-18　月球环绕地球运动

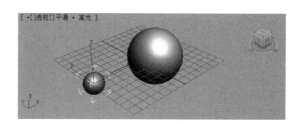

图 1-19　模型效果

1.2.2　场景及建模

根据情节要求,主要的模型有地球和月球,都是很简单的球体造型。制作过程如下。

(1) 启动 3ds Max 软件,选择"新建"文件,创建一个新场景。

(2) 创建"地球"模型。单击命令面板中的 ![创建] (创建)按钮,在"创建"面板中,单击 ![几何体] (几何体)按钮,进入"几何体"创建面板,单击 ![球体] 按钮,在顶视图中拖动鼠标创建一个半径较大的球体作为地球。在"名称和颜色"卷展栏中将该球体命名为"地球"。

(3) 创建月球模型。使用相同的方法,创建一个半径较小的球体作为月球,并命名该球体为"月球",模型创建效果如图 1-19 所示。

1.2.3　动画设置

该动画主要包括两部分,一部分是地球的自转效果,另一部分为月球环绕地球转动效果。

（1）地球的自转。在透视图中选择"地球"模型，在动画控制区域中单击"自动"按钮，打开自动关键点，如图1-20所示。

（2）将"时间滑块"拖动到第100帧的位置。

图1-20　打开自动关键点设置

（3）在主工具栏中单击 ○（选择并旋转）按钮，在透视图中选择围绕Z轴旋转，确定好旋转轴，从右向左拖动鼠标，顺时针旋转到合适的角度后松开鼠标，如图1-21所示。

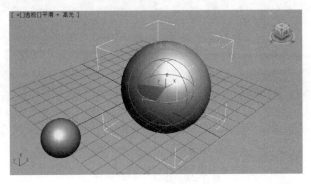

图1-21　顺时针旋转

（4）在动画控制区域中单击"自动"按钮，关闭自动关键点，则地球顺时针旋转动画效果完成。

【注意提示】

地球模型的旋转快慢和单位时间内旋转的角度有关，例如100帧内旋转90°比100帧之内旋转180°播放时旋转得要慢。

（5）月球环绕地球转动。单击命令面板中的 ※（创建）按钮，在"创建"面板中，单击 ♀（图形）按钮，进入"图形"创建面板，单击 椭圆 按钮，在顶视图中拖动鼠标创建一个椭圆图形作为月球环绕地球运动的路径，并命名为"路径"，如图1-22所示。

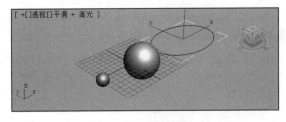

图1-22　椭圆图形

（6）利用对齐工具将"路径"和"地球"中心对齐。选择"路径"对象，单击主工具栏中的 ⚌（对齐）按钮，选择"地球"对象，参数设置如图1-23所示。

（7）在透视图中，利用旋转工具将"路径"对象沿Y轴旋转一定角度，如图1-24所示。

（8）轨迹动画。选择"月球"对象，单击命令面板中的 ◎（运动）按钮，单击 轨迹 按钮，如图1-25所示。

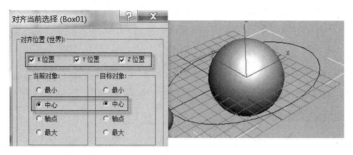

图 1-23　"路径"和"地球"中心对齐

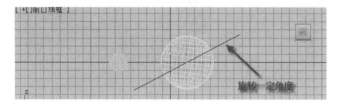

图 1-24　旋转"路径"对象

图 1-25　"运动"面板

（9）选择"月球"对象，在"运动"面板中将参数"采样数"值设置为 40，单击"转化自"按钮，再单击"路径"对象，则动画设置完成。

（10）播放动画。在动画控制区域中单击动画▶（播放）按钮，播放动画效果。

1.2.4　材质和贴图

（1）为地球添加贴图。在菜单栏中打开"渲染"菜单，选择下拉菜单中的"材质编辑器"选项。也可以直接按快捷键 M 打开"材质编辑器"窗口，如图 1-26 所示。

（2）选择第一个材质球，默认材质名称为 01-Default，为了使用方便将该材质重新命名为"地球"。在"反射高光"选项组中设置"高光级别"值为 63，"光泽度"值为 15，如图 1-26 所示。

（3）选择第一个材质球，单击"漫反射"后面的按钮，弹出"材质/贴图浏览器"对话框，

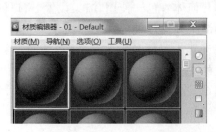
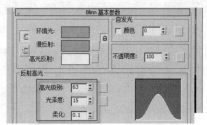

图 1-26 材质编辑器

在对话框中选择"位图"选项,单击"确定"按钮。

(4)在"选择位图图像文件"对话框中,选择本书案例文件夹中的"第1章\Earth.jpg"图片文件,单击"打开"按钮。

(5)将设置好的"地球"材质赋予"地球"对象。单击"地球"材质并拖动鼠标,将该材质拖曳到"地球"对象上,然后松开鼠标。

(6)可以通过单击▓(在视图窗口中显示标准贴图)按钮来确定是否在视图区域显示贴图效果。

(7)为"月球"添加贴图。打开"材质编辑器"窗口,选择第二个材质球,默认材质名称为02-Default,为了使用方便将该材质重新命名为"月球"。在"反射高光"选项组中设置"高光级别"值为30,"光泽度"值为10。

(8)单击"漫反射"选项后面的按钮,弹出"材质/贴图浏览器"对话框,在对话框中选择"位图"选项,单击"确定"按钮。

(9)在"选择位图图像文件"对话框中,选择本书案例文件夹中的"第1章\Moon.jpg"图片文件,单击"打开"按钮。

(10)将设置好的"月球"材质赋予"月球"对象。单击"月球"材质并拖动鼠标,将该材质拖曳到"月球"对象上,然后松开鼠标。

(11)最终效果如图 1-27 所示。

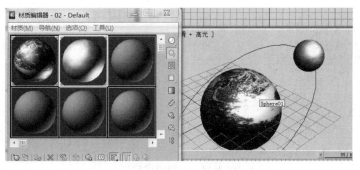

图 1-27 添加材质后的地球和月球模型

1.2.5 渲染输出

渲染将颜色、阴影、照明效果等加入到几何体中,从而可以使用所设置的灯光、所应用的材质及环境设置(如背景和大气)为场景的几何体着色。使用"渲染设置"窗口创建渲染并将其保存到文件。渲染也显示在屏幕上和渲染帧窗口中。

本案例的最后一步就是通过渲染将动画设置为可播放的文件,可以通过渲染查看最终效果并生成能够直接在计算机上进行播放的文件。

(1)添加星空环境背景。打开"渲染"菜单,在下拉菜单中选择"环境"选项,打开"环境和效果"对话框,如图1-28所示。

图1-28　"环境和效果"对话框

(2)单击在"环境贴图"中的"无"按钮,打开"材质/贴图浏览器"对话框,选择"位图"选项,单击"确定"按钮。

(3)在"选择位图图像文件"对话框中,选择本书案例文件夹中的"第1章\Bg.gif"图片文件,单击"打开"按钮。

(4)在"环境和效果"窗口中,单击"渲染预览"按钮,预览背景贴图效果,如图1-28所示。

(5)预览没有问题,关闭"环境和效果"窗口。

(6)渲染输出AVI格式的文件。打开"渲染"菜单,在下拉菜单中选择"渲染设置"选项,打开渲染设置窗口。

(7)参数设置。在"公用参数"卷展栏的"时间输出"选项组中,选中"范围"单选按钮,选择渲染范围从第0帧到第100帧,如图1-29所示。

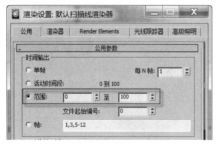

图1-29　渲染设置窗口

(8)在"渲染输出"选项组中,单击"文件"按钮,如图1-29所示,弹出"渲染输出文件"对话框,输入文件名"地球动画",保存类型选择"AVI文件(＊.avi)选项",单击"保存"按钮。

(9)在"渲染输出文件"对话框中,输入文件名"月球环绕地球旋转",在保存类型中,单击"所有格式"下三角按钮,在下拉列表中选择"AVI 文件(＊.avi)"选项,单击"保存"按钮。弹出"AVI 文件压缩设置"对话框,单击"确定"按钮,完成文件保存设置。

(10) 返回"渲染设置"窗口,单击窗口右下角的"渲染"按钮,开始文件的渲染输出。

【本章小结】

通过本章的学习,应该能够:

- 重点掌握对象的基本操作;
- 熟悉 3ds Max 动画制作流程。

【课堂实训】

(1) 修改 3ds Max 2011 的视图界面显示方式,使其左方为"顶"视图、"前"视图和"左"视图 3 个小视图,右方为"透视"视图。

(2) 利用对象的基本操作和动画制作流程,完成一个球体沿着斜坡滚动效果的制作。

第2章

基础建模

【本章导读】

　　本章主要学习的是利用系统提供的基本建模工具来创建基本三维几何体和二维图形，利用修改工具对三维几何体和二维图形进行修改，从而得到看似简单却让人们惊喜的模型对象。

【技能要求】

　　(1) 掌握创建基本模型的方法，包括三维几何体和二维图形及常用的对象操作方法；

　　(2) 熟练掌握二维图形转换为三维模型的方法；

　　(3) 掌握将多个对象组合成单个对象的方法，并熟练使用修改器制作复杂三维模型。

2.1　创建三维几何体

2.1.1　标准几何体的创建

　　场景中实体 3D 对象和用于创建它们的对象，称为几何体。标准几何体是利用 3ds Max 系统配置的几何体造型创建的，包括长方体、锥体、球体、几何球体、圆柱、圆管、圆环、棱锥体、茶壶、平面 10 种，它们常用来组合成其他几何体或在这些标准几何体基础上运用各种修改器创建其他造型。

　　通过"创建"面板创建标准几何体，"创建"面板是命令面板的默认状态，如图 2-1 所示。3ds Max 包含的 10 个标准基本体可以在视图窗口中通过鼠标轻松创建，而且大多数基本体也可以通过键盘生成。

图 2-1　"创建"面板

1. 长方体的创建

长方体是 3ds Max 中最为简单和常用的几何体，其形状由长度、宽度和高度 3 个参数决定，如图 2-2 所示。

图 2-2 "参数"卷展栏

2. 圆锥体的创建

使用"创建"面板中的"圆锥体"按钮可以产生直立或倒立的圆形圆锥体、圆台、棱锥、棱台及它们的局部模型，如图 2-3 所示。其形状由底面半径、顶面半径和高度 3 个参数决定。

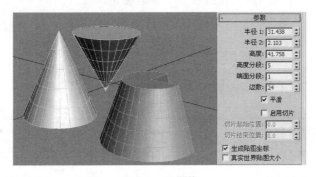

图 2-3 圆锥体

【注意提示】

"启用切片"选项用于控制物体是否被分割，当该复选框被勾选时，可创建不同角度的扇面锥体。其他旋转体如球体、柱体、圆管等均有这一选项，以后不再赘述。

3. 球体的创建

使用"创建"面板中的"球体"按钮可以产生完整的球体、半球体或球体的其他部分。其形状主要由半径和分段两个参数决定，如图 2-4 所示。

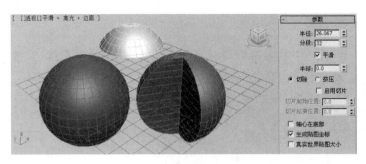

图 2-4　球体模型

💡【注意提示】

在"参数"卷展栏中,设置"半球"值为 0.5,则球体将缩小为上半部,生成半球。

4.几何球体的创建

几何球体(Geosphere)与球体是两种不同的标准几何体,几何球体是用多面体来逼近的几何球体,球体则是通常意义上的球体。球体表面由许多四角面片组成,而几何球体表面由许多三角面片组成,效果如图 2-5 所示。

5.圆柱体的创建

使用"创建"面板中的"圆柱体"按钮可以创建圆柱体、棱柱及它们的局部模型,如图 2-6 所示。其形状由半径、高度和边数 3 个参数确定。

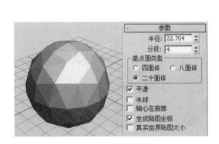

图 2-5　几何球体

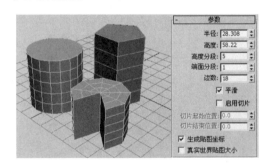

图 2-6　圆柱体模型

6.圆环

使用"创建"面板中的"圆环"按钮可以创建一个环形或具有圆形横截面的环,不同参数进行组合还可以创建不同的变化效果,如图 2-7 所示。

🔒【小技巧】

"分段"参数说明

"分段"参数是对长方体作修改和渲染用的。例如给长方体添加弯曲修改器时,段数越多,对物体进行修改后的变化越平滑,渲染效果越好。但随着段数值的增加,计算量就

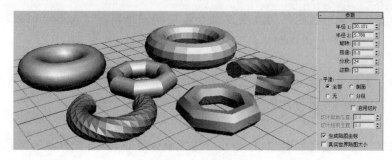

图 2-7　圆环模型

越大,同时也要耗费更多的内存。因此设置段数时,在不影响效果的情况下应尽可能地小(创建其他几何体时,有关"段数"的用处同样,以后不再说明)。

2.1.2　编辑多边形

已有的三维模型若不能满足需要,可以在已有三维模型的基础上进行修改,通过修改得到所需要的模型效果,进行复杂模型的创建。

"编辑多边形"修改器提供用于选定对象的不同子对象层级的显式编辑工具:顶点、边、边界、多边形和元素。

编辑多边形的常规步骤如下。

(1) 选择所要编辑的三维模型。

(2) 在"修改"面板中单击"修改器列表"下三角按钮,选择"编辑多边形"命令。

(3) 在"参数"卷展栏中对三维模型进行加工编辑。

下面以"长方体"为例说明"编辑多边形"修改器的使用。在顶视图中创建三维模型"长方体",在"修改"面板中单击"修改器列表"下三角按钮,选择"编辑多边形"命令,进入到"编辑多边形"修改参数面板,如图 2-8 所示。

图 2-8　"编辑多边形"修改参数面板

在"编辑器堆栈"区中,单击"编辑多边形"选项左边的"＋"号,展开编辑层次,可以分别选择"顶点"、"边"、"边界"、"多边形"和"元素"5 种次对象进行编辑和修改,也可以在"选择"卷展栏中单击 (顶点)、 (边)、 (边界)、 (多边形)和 (元素)按钮。

1. 次对象

1) 顶点

顶点是空间上的点,它是对象的最基本层次。当移动或者编辑顶点的时候,顶点所在的面也受影响。对象形状的任何改变都会导致重新安排顶点。在 3ds Max 中有很多编辑方法,但是最基本的是顶点编辑。

2)边

边是指一条可见或者不可见的线,它连接两个节点,从而形成面的边。两个面可以共享一个边。处理边的方法与处理节点类似,在网格编辑中经常使用。

3)边界

边界由仅在一侧带有面的边组成,并总为完整循环。例如,长方体一般没有边界,但茶壶对象有多个边界:在壶盖上、壶身上、壶嘴上各一个以及在壶柄上的两个。如果创建一个圆柱体,然后删除一端,这一端的一行边将组成圆形边界。

4)多边形

多边形是在可见的线框边界内的面形成的。多边形是面编辑的便捷方法。

5)元素

元素是网格对象中一组连续的表面,例如长方体总体就是一个元素,茶壶就是由 4 个不同元素组成的几何体。

2. 顶点编辑

当编辑修改限定在"顶点"次对象层次上时,可对网格体的最小构成元素"顶点"进行编辑。

洗手盆模型

【案例分析】

通过本案例熟练掌握三维基本模型的创建和修改方法,掌握"编辑多边形"修改器的使用及"顶点"次对象的编辑和修改方法。本案例的洗手盆模型最终效果如图 2-9 所示。

图 2-9　洗手盆模型

【制作步骤】

(1) 在顶视图中,利用"几何体"创建面板中的"长方体"命令创建"长方体"模型,设置"长度"值为90,"宽度"值为150,"高度"值为8,"长度分段"值为10,"宽度分段"值为10,"高度分段"值为5。

(2) 选择长方体,在"修改"面板中单击"修改器列表"下三角按钮,选择"编辑多边形"命令,对长方体进行编辑。

(3) 在"编辑器堆栈"区中,单击"编辑多边形"选项左边的"+"号,展开编辑层次,选择"顶点"次对象,进入长方体的顶点编辑状态。

(4) 在"选择"卷展栏中取消勾选"忽略背面"复选框,在顶视图中用框选工具选中长方体上表面中间的部分顶点,如图 2-10 所示。

(5) 选择移动工具,在前视图中锁定 Z 轴,向下移动选中的点,如图 2-11 所示。

(6) 返回"编辑多边形"修改器的顶层,取消"顶点"次对象选择,在"修改"面板中单击"修改器列表"下三角按钮,选择"网格平滑"命令。

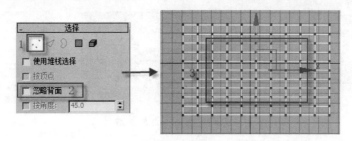

图 2-10　点选择

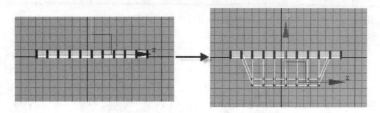

图 2-11　点移动

（7）在"网格平滑"修改面板中设置参数：在"细分方法"卷展栏中设置"细分方法"为
NURMS；在"细分量"卷展栏中设置"迭代次数"值为 2，"平滑度"值为 1.0。

3. 多边形编辑

杯子模型

【案例分析】

通过本案例熟练掌握三维基本模型的创建和修改方法，掌握"编辑多边形"修改器的
使用及"多边形"次对象的编辑和修改方法。本案例的杯子模型
最终效果如图 2-12 所示。

【制作步骤】

（1）在顶视图中，利用"几何体"创建面板中的"圆柱体"命令
创建"圆柱体"模型，设置"半径"值为 20，"高度"值为 50，"端面
分段"值为 2，"高度分段"值为 6，"边数"值为 19。

图 2-12　杯子模型

（2）选择圆柱体，在"修改"面板中单击"修改器列表"下三角
按钮，选择"编辑多边形"命令，对圆柱体进行编辑。

（3）在"编辑器堆栈"区中，单击"编辑多边形"选项左边的"＋"号，展开编辑层次，选
择"顶点"次对象，进入圆柱体的顶点编辑状态。

（4）在"选择"卷展栏中勾选"忽略背面"复选框，在顶视图中用圆形框选工具选中圆
柱体上表面中间的部分顶点，如图 2-13 所示。

（5）选择缩放工具，在顶视图中锁定 XY 轴，向外移动选中的点，如图 2-13 所示。

（6）返回"编辑多边形"修改器的顶层，单击"多边形"次对象，进入"多边形"选择，在

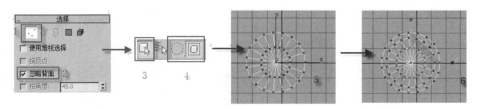

图 2-13　圆形框选后缩放

顶视图中利用圆形框选工具选中圆柱体上表面中间的多边形,如图 2-14 所示。

（7）进入"编辑多边形"面板,单击"挤出"按钮,在透视图中将鼠标指针移动到选择好的多边形上,拖动鼠标向下移动,挤出效果如图 2-15 所示。

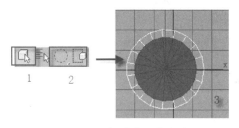

图 2-14　圆形框选中间的多边形

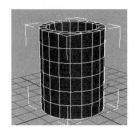

图 2-15　向下挤压

（8）在左视图中选择模型侧面的一个多边形,如图 2-16 所示。

（9）在"编辑多边形"面板中,单击"挤出"按钮,在透视图中将鼠标指针移动到选择好的多边形上,拖动鼠标向右移动,挤出效果如图 2-17 所示。

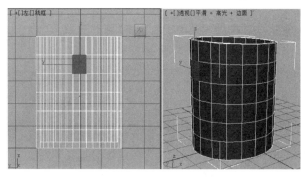

图 2-16　选择侧面"多边形"

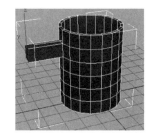

图 2-17　"挤出"效果（1）

（10）进入顶视图,按快捷键 B 将顶视图切换为底视图。

（11）返回"编辑多边形"修改器的顶层,单击"边"次对象,进入"边"选择,在底视图中利用选择工具选择如图 2-18(a)所示的边。

（12）在参数面板的"编辑边"卷展栏中,单击"连接"按钮,如图 2-18(b)所示,最终效果如图 2-18(c)所示。

（13）选择刚才通过"连接"命令创建的边,利用移动工具向右移动,调整位置如图 2-19所示。

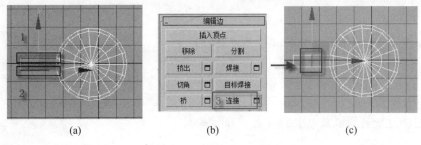

(a)　　　　　　　(b)　　　　　　　(c)

图 2-18　"连接"两根边线

　　(14)返回"编辑多边形"修改器的顶层,单击"多边形"次对象,进入"多边形"选择,在底视图中利用选择工具选择如图 2-20 所示的多边形。

　　(15)在"编辑多边形"面板中,单击"挤出"按钮,在底视图中将鼠标指针移动到选择好的多边形上,拖动鼠标向上移动,挤出效果如图 2-21 所示。

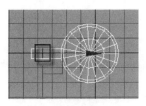
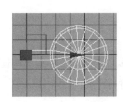
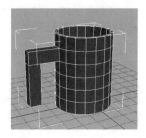

图 2-19　调整刚连接的边　　　图 2-20　选择"多边形"　　　图 2-21　"挤出"效果(2)

　　(16)返回"编辑多边形"修改器的顶层,取消"多边形"次对象选择。

　　(17)选择"杯子"模型,在"修改"面板中单击"修改器列表"下三角按钮,选择"网格平滑"命令。在"网格平滑"修改面板中设置参数:在"细分方法"卷展栏中设置"细分方法"为"四边形输出";在"细分量"卷展栏中设置"迭代次数"值为 2,"平滑度"值为 1.0;在"参数"卷展栏中设置"强度"值为 0.33,"松弛"值为 0.17。

2.2　创建二维图形

2.2.1　二维图形的创建

　　二维图形创建的主要用途是通过一些如挤出、车削、放样等命令来建立复杂的三维模型,通过"创建"面板中的"图形"按钮来创建二维图形,"图形"面板如图 2-22 所示。

1. 线

　　在"创建"面板中单击 ⟨图形⟩按钮,然后单击"图形"面板中的"线"按钮,即可打开"线"面板。

2. 矩形

在"创建"面板中单击 (图形)按钮,然后单击"图形"面板中的"矩形"按钮,打开"矩形"面板。

💡【注意提示】

按住 Ctrl 键的同时拖动鼠标可以创建正方形。

3. 圆

在"创建"面板中单击 (图形)按钮,然后单击"图形"面板中的"圆"按钮,打开"圆"面板。

图 2-22 "图形"面板

4. 椭圆

在"创建"面板中单击 (图形)按钮,然后单击"图形"面板中的"椭圆"按钮,打开"椭圆"面板。

5. 弧

在"创建"面板中单击 (图形)按钮,然后单击"图形"面板中的"弧"按钮,打开"弧"面板。可以使用"弧"工具制作各种圆弧曲线和扇形。

6. 圆环

在"创建"面板中单击 (图形)按钮,然后单击"图形"面板中的"圆环"按钮,打开"圆环"面板。

7. 多边形

在"创建"面板中单击 (图形)按钮,然后单击"图形"面板中的"多边形"按钮,打开"多边形"面板。使用"多边形"工具可创建具有任意面数或顶点数(N)的闭合平面或圆形样条曲线。

8. 星形

在"创建"面板中单击 (图形)按钮,然后单击"图形"面板中的"星形"按钮,打开"星形"面板。星形是一种实用性很强的二维图形。在现实生活中可以看到很多横截面为星形的物体。通过调整星形的参数选项,可以创建出形状各异的星形图形。

9. 文本

在"创建"面板中单击 (图形)按钮,然后单击"图形"面板中的"文本"按钮,打开"文本"面板。利用"文本"工具创建各种文本效果。

10. 螺旋线

在"创建"面板中单击 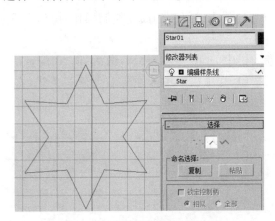 (图形)按钮,然后单击"图形"面板中的"螺旋线"按钮,打开"螺旋线"面板。螺旋线是一种立体的二维模型,实际应用比较广泛,常常通过对其进行放样造型,创建螺旋形的楼梯、螺丝等。

2.2.2 编辑二维图形

若已有的二维图形不能满足需要,可以在已有二维图形的基础上进行修改,通过修改得到所需要的图形,然后再进一步建模。

编辑二维图形的常规步骤如下。

(1)选择所要修改的二维模型。

(2)在"修改"面板中选择"编辑样条线"命令。

(3)在"参数"卷展栏中对二维模型进行加工编辑。

💡【注意提示】

图形"线"不用执行"编辑样条线"命令,直接进入"修改"面板即可进行编辑修改。

下面以"星形"为例说明"编辑样条线"修改器的使用。在顶视图中创建二维图形"星形",在"修改"面板中选择"编辑样条线"命令,进入修改参数面板,如图 2-23 所示。

图 2-23 "编辑样条线"修改面板

在"编辑器堆栈"区中,单击"编辑样条线"选项左边的"＋"号,展开编辑层次,可以分别选择"顶点"、"分段"和"样条线"3 种次对象进行编辑和修改,也可以在"选择"卷展栏中单击 (顶点)、 (分段)和 (样条线)按钮,效果相同。

1. 编辑"顶点"

对顶点的编辑主要包括改变节点类型,在某节点处断开曲线,连接两节点,插入节点,定义起点和删除节点等操作。下面分别说明对节点进行编辑的方法。

1）移动顶点

（1）单击"选择"卷展栏中的 ⊡ （顶点）按钮，激活"顶点"编辑状态。

（2）选择工具栏中的 ✥ （选择并移动）工具，然后单击任何一个顶点并拖动，即可改变该顶点的位置。

2）改变顶点的类型

顶点的类型包括以下四种。

- "Bezier 角点"类型：贝济埃角点，提供控制柄，并允许两侧的线段成任意的角度。
- "Bezier"类型：贝济埃，由于 Bezier 曲线的特点是通过多边形控制曲线，因此它提供了该点的切线控制柄，可以用它调整曲线。
- "角点"类型：顶点的两侧为直线段，允许顶点两侧的线段为任意角度。
- "平滑"类型：顶点的两侧为平滑连接的曲线线段。

（1）单击"选择"卷展栏中的 ⊡ （顶点）按钮，激活"顶点"编辑状态。

（2）单击主工具栏中的 ⊡ （选择对象）工具，选中某个节点并右击。

（3）弹出的快捷菜单如图 2-24 所示，菜单包含 4 种类型的节点可供选择：Bezier 角点、Bezier（此为星形中节点的默认类型）、角点和平滑。

（4）在菜单中选择"平滑"节点类型，即可将选中的节点改为平滑类型。

（5）选择其他节点，修改节点类型，并利用移动和旋转工具进行节点操作，观察节点的变化。

3）创建线

"创建线"功能可以在场景中进行新的曲线绘制操作，操作完成后，创建的新曲线会与当前编辑的对象组合。

（1）单击"选择"卷展栏中的 ⊡ （顶点）按钮，激活"顶点"编辑状态。

（2）单击"创建线"按钮，在顶视图中从左到右创建一条线，右击结束创建，如图 2-25 所示。

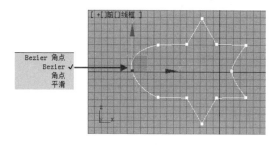

图 2-24　节点选择

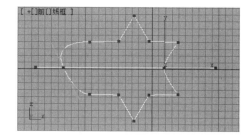

图 2-25　创建线

4）创建点

通过"优化"命令，可以在样条线上添加新顶点，而不更改样条线的曲率值。

（1）单击"选择"卷展栏中的 ⊡ （顶点）按钮，激活"顶点"编辑状态。

（2）单击"优化"按钮，在样条线上单击，则在相应的位置添加了一个新顶点。

5)"打断"节点

"打断"功能可以在某个节点处将样条曲线断开。选定节点处生成了两个互相重叠的节点,使用该命令可以将它们移开。

(1)单击"选择"卷展栏中的 ⬚(顶点)按钮,激活"顶点"编辑状态。

(2)选择星形上面的节点,单击"打断"按钮,则星形从该点断开。

(3)利用移动工具,将两个互相重叠的节点分开,如图 2-26 所示。

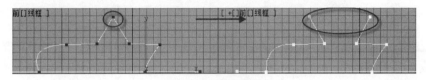

图 2-26 节点的断开

6)"连接"节点

"连接"功能能在不封闭的样条曲线中使节点与节点之间创建一条连线。

(1)单击"选择"卷展栏中的 ⬚(顶点)按钮,激活"顶点"编辑状态。

(2)单击"连接"按钮,在顶视图中从右边端点到上面端点创建一条线,右击结束创建,如图 2-27 所示。

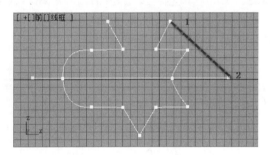

图 2-27 连接节点

(3)关闭"连接"按钮。

7)"插入"节点

"插入"功能可以在视图中样条曲线的任意位置插入一个贝济埃角点类型的节点。

(1)单击"选择"卷展栏中的 ⬚(顶点)按钮,激活"顶点"编辑状态。

(2)单击"插入"按钮,在顶视图中的线上任意位置,单击即可创建新节点。

(3)在曲线上反复单击,可插入多个节点,右击结束插入操作。

(4)关闭"插入"按钮。

8)"焊接"节点

"焊接"功能可将处于焊接阈值内的两端点或同一样条曲线上的中间节点合并成一个节点。

(1)单击"选择"卷展栏中的 ⬚(顶点)按钮,激活"顶点"编辑状态。

(2)利用移动工具移动节点,如图 2-28 所示。

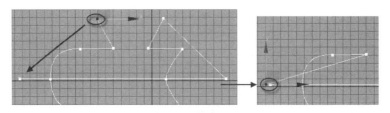

图 2-28　移动节点

　　（3）在"修改"面板中"焊接"按钮右边的微调框中，设置焊接阈值为 8。

　　（4）利用选择工具选择要焊接的 2 个节点，单击"焊接"按钮，则两个靠近的节点焊接在一起成为一个节点。

9）"删除"节点

　　利用"删除"功能，可以删除不要的和多余的节点。

　　（1）单击"选择"卷展栏中的 （顶点）按钮，激活"顶点"编辑状态。

　　（2）利用选择工具，选择任意一个节点，单击"删除"按钮。

10）圆角

　　利用"圆角"功能，可以将顶点调整为圆角效果。

　　（1）单击"选择"卷展栏中的（顶点）按钮，激活"顶点"编辑状态。

　　（2）利用选择工具，选择任意一个节点，单击"圆角"按钮。

　　（3）将鼠标指针移动到需要创建圆角的节点，拖动鼠标。

　　（4）得到合适的圆角后，释放鼠标。

　　（5）利用选择工具，选择另一个节点，单击"圆角"按钮。

　　（6）利用鼠标设置"圆角"按钮旁边文本框中的值，观察圆角变化，如图 2-29 所示。

图 2-29　圆角和切角

11）切角

　　利用"切角"功能，可以将顶点调整为切角效果。操作与"圆角"方法相同，效果如图 2-29 所示。

2．编辑"分段"

　　单击"选择"卷展栏中的（分段）按钮，即可编辑分段。这里的分段是指图形两个节点之间的线段。

　　对二维图形中线段的编辑包括：删除线段，将某个线段平均分成多个线段，将某个线段从二维图形中分离出来，将多个图形对象合并到一起等操作。

1）"隐藏"与"全部取消隐藏"线段

　　（1）在顶视图中创建一个星形图形，在"修改"面板中选择"编辑样条线"命令，进入修改参数面板。

　　（2）单击"选择"卷展栏中的（分段）按钮，激活"分段"编辑状态。

（3）利用选择工具，选择任意一个分段或按住 Ctrl 键选择多个分段，单击"隐藏"按钮，观察分段的变化。

（4）单击"全部取消隐藏"按钮，观察分段的变化。

2）"删除"线段

（1）在顶视图中创建一个矩形图形，在"修改"面板中选择"编辑样条线"命令，进入到修改参数面板。

（2）单击"选择"卷展栏中的 ✎（分段）按钮，激活"分段"编辑状态。

（3）利用选择工具，选择任意一个分段或按住 Ctrl 键选择多个分段，单击"删除"按钮，如图 2-30 所示，观察分段的变化。

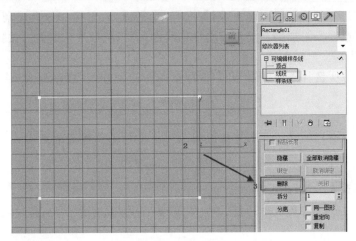

图 2-30　删除线段

【小技巧】

删除线段时，可以在选中线段后，按 Delete 键直接删除。

3）拆分

"拆分"功能可以将选中的线段进行等分。

（1）在顶视图中创建一个圆形图形，在"修改"面板中选择"编辑样条线"命令，进入到修改参数面板。

（2）单击"选择"卷展栏中的 ✎（分段）按钮，激活"分段"编辑状态。

（3）利用选择工具，选择任意一个分段，在"拆分"按钮旁边的文本框中输入3，效果如图 2-31 所示，观察分段的变化。

3．编辑"样条线"

在"编辑样条线"面板中，单击 ✎（样条线）按钮，即可进入样条线编辑状态。在该状态中，可以进行如下操作。

1）附加

将场景中的另一个样条线附加到所选样条线。选择要附加到当前选定的样条线对象的对象，要附加到的对象也必须是样条线。

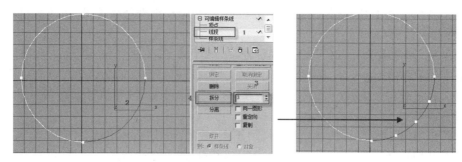

图 2-31　拆分线段

单击"附加多个"按钮可以弹出"附加多个"对话框,该对话框包含场景中的所有其他形状的列表。选择要附加到当前可编辑样条线的形状,然后单击"附加"按钮。

2）炸开组

该命令可将所选样条曲线"炸开",使样条曲线的每一线段都变为当前二维图形中的一条样条曲线。

3）反转

该命令可将所选的样条曲线首尾反向。对于不封闭的样条曲线来说,起点和终点将互换。

🔒【小技巧】

如果勾选"选择"卷展栏中的"显示顶点编号"复选框,再单击"反转"按钮,很容易看出它的作用。

4）关闭

选择一条不封闭的样条曲线,单击此按钮,即可从样条曲线的起点到终点画一条线,将样条曲线封闭。此命令只适用于开放的曲线。

5）轮廓

该命令可以产生封闭样条曲线的同心副本。

（1）在顶视图中创建一个圆形图形,在"修改"面板中选择"编辑样条线"命令,进入到修改参数面板。

（2）单击"选择"卷展栏中的🔺（样条线）按钮,激活"样条线"编辑状态。

（3）利用选择工具,选择样条线,在"修改"面板中单击"轮廓"按钮。

（4）用鼠标指针指向视图中的样条曲线,指针变为十字轮廓状,上下拖动鼠标将产生样条曲线的同心副本,如图 2-32 所示。（也可以在"轮廓"按钮旁的文本框中直接输入数值来创建轮廓线。）

🔒【小技巧】

对于非封闭样条曲线而言,"轮廓"命令将产生样条曲线的、封闭的、"双线版本"图形。

6）镜像

该命令与主工具栏中的"镜像"按钮类似,此处不再重复。

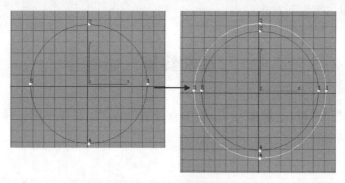

图 2-32　生成轮廓线

4．二维布尔对象

布尔运算是一种逻辑数学计算方法，通常用于处理两个模型相交的情形。执行布尔操作的前提是两个闭合多边形互相交叉，布尔效果如图 2-33 所示。

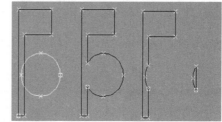

原始样条线　　布尔并集　　布尔差集　布尔相交

图 2-33　布尔效果图

- 并集：将两个重叠样条线组合成一个样条线，在该样条线中，重叠的部分被删除，保留两个样条线不重叠的部分，构成一个样条线。
- 差集：从第一个样条线中减去与第二个样条线重叠的部分，并删除第二个样条线中剩余的部分。
- 相交：仅保留两个样条线的重叠部分，删除两者的不重叠部分。

（1）选择"创建"面板中的"图形"选项，在"对象类型"卷展栏中取消勾选"开始新图形"复选框。

（2）在顶视图中，创建一个圆形和一个矩形，位置效果如图 2-34 所示。

（3）在"修改"面板中选择"编辑样条线"命令，进入到修改参数面板。

（4）单击"选择"卷展栏中的 ⌃（样条线）按钮，激活"样条线"编辑状态。

（5）选择"圆形"样条线，单击 ◉（并集）按钮，再单击 布尔 按钮，在顶视图中选择"矩形"样条线，布尔结果如图 2-35 所示。

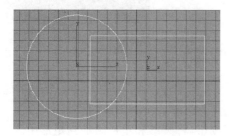

图 2-34　布尔原始样条线

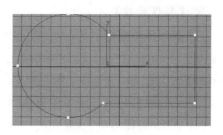

图 2-35　布尔并集

（6）尝试布尔交集和布尔差集。

2.3 二维曲线到三维模型

通过"挤出"、"车削"、"倒角"、"晶格"等修改器可以将二维平面图形转换为三维模型，从而创建出比基本模型更为复杂的模型。

2.3.1 挤出

"挤出"命令是为二维图形增加厚度来创建三维模型，厚度可以随意设置，如图 2-36 所示。

进入"修改"面板，单击"修改器列表"下三角按钮，在弹出的列表中选择"挤出"选项，即可应用"挤出"修改器，如图 2-37 所示。

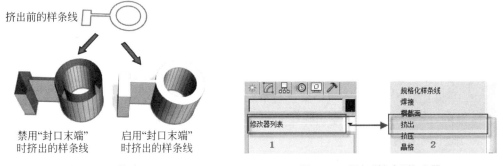

挤出前的样条线

禁用"封口末端"
时挤出的样条线

启用"封口末端"
时挤出的样条线

图 2-36 挤出

图 2-37 添加"挤出"修改器

项链模型

【案例分析】

通过本案例熟练应用二维图形的绘制，掌握"编辑样条线"修改器和"挤出"修改器的使用及参数调整方法。本案例的项链模型最终效果如图 2-38 所示。

图 2-38 项链

【制作步骤】

（1）利用二维图形工具，在前视图中各创建一个矩形、圆形和星形，并利用旋转、对齐和移动工具将图形如图 2-39 所示放置。

（2）选择矩形，添加"编辑样条线"修改器。

（3）在"编辑样条线"参数面板中单击"附加"按钮，将圆形和星形附加到矩形中。

（4）单击 ∧（样条线）按钮，进入次对象，选择"矩形"样条线。

（5）单击 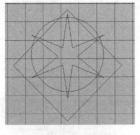（差集）按钮，再单击"布尔"按钮，选择"圆形"样条线，效果如图 2-40 所示。

（6）选择"星形"样条线，单击 ◎（并集）按钮，再单击"布尔"按钮，选择另外 2 条样条线，效果如图 2-41 所示。

图 2-39　创建图形　　　　图 2-40　布尔差集　　　　图 2-41　布尔运算结果

（7）单击 ⋀（样条线）按钮，退出次对象选择。

（8）单击"修改器列表"下三角按钮，在弹出的列表中选择"挤出"选项。

（9）在"参数"卷展栏中，设置"数量"值为 3，项链坠模型完成。

（10）利用"线"命令，绘制项链。

2.3.2　车削

"车削"修改器是通过二维图形围绕指定的中心轴进行旋转，生成三维对象，如图 2-42 所示。它的原理类似制作陶瓷，通常利用它来制作花瓶、高脚杯、酒坛等造型。

进入"修改"面板，单击"修改器列表"下三角按钮，在弹出的列表中选择"车削"选项，即可应用"车削"修改器，如图 2-43 所示。

图 2-42　车削

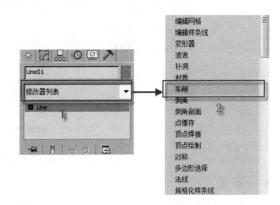

图 2-43　"车削"修改器

酒杯模型

【案例分析】

通过本案例灵活应用二维图形的绘制所需轮廓图，掌握"编辑样条线"修改器和"车削"修改器的使用及参数调整方法。本案例的酒杯模型最终效果如图 2-44 所示。

【制作步骤】

（1）在前视图中，利用"图形"创建面板中的"线"命令创建如图 2-45 所示的轮廓线。

（2）在"修改器列表"面板中，选择"车削"选项，打开"车削"参数修改面板，参数设置如图 2-46 所示。勾选"焊接内核"复选框，"方向"选择 Y 轴，"对齐"方式选择"最小"选项。

（3）将旋转轴与图形的最小、中心或最大范围对齐，如图 2-47 所示。

图 2-44 利用"车削"修改器建模效果

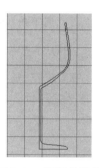

图 2-45 酒杯轮廓线

图 2-46 参数设置

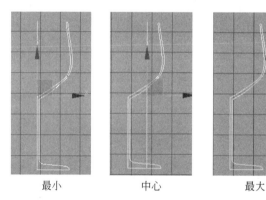

最小　　　　　中心　　　　　最大

图 2-47 对齐方式

2.3.3 倒角

"倒角"修改器将图形挤出为 3D 对象并在边缘应用平或圆的倒角，如图 2-48 所示。此修改器的一个常规用法是创建 3D 文本和徽标，可以应用于任意图形。

进入"修改"面板，单击"修改器列表"下三角按钮，在弹出的列表中选择"倒角"选项，即可应用"倒角"修改器，如图 2-49 所示。

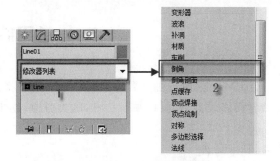

图 2-48 使用"倒角"修改器效果　　　　　　图 2-49 "倒角"修改器

文字模型

【案例分析】

通过本案例掌握文字的创建,以及"倒角"修改器的使用和参数调整方法。本案例的文字模型最终效果如图 2-50 所示。

【制作步骤】

(1) 在前视图中,利用"图形"创建面板中的"文本"命令创建文字 MAX,字体采用"华文新魏"。

(2) 在"修改器列表"面板中,选择"倒角"选项,打开"倒角"参数修改面板,参数设置如图 2-51 所示。在"起始轮廓"字段中输入 0;级别 1:"高度"值为 2.0,"轮廓"值为 1.4;级别 2:"高度"值为 2.5,"轮廓"值为 0;级别 3:"高度"值为 2.0,"轮廓"值为 −1.4;勾选"避免线相交"复选框,如图 2-51 所示。

图 2-50　倒角文字　　　　　　图 2-51　启用"避免线相交"

2.4 常用修改器

3ds Max修改器种类繁多,功能强大,本节将再学到一些常用的修改工具。大家掌握这些常用修改器后,可以举一反三,触类旁通,逐步掌握更多的编辑修改器。

2.4.1 弯曲

"弯曲"修改器的作用就是让对象在指定的轴向上发生弯曲,弯曲的程度和部位都能够由参数设定,如图2-52所示。

进入"修改"面板,单击"修改器列表"下三角按钮,在弹出的列表中选择"弯曲"选项,即可应用"弯曲"修改器,如图2-53所示。

图2-52 弯曲对象

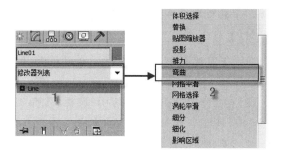

图2-53 "弯曲"修改器

弯曲的圆柱体

【案例分析】

通过本案例熟练创建"圆柱体"模型,掌握"弯曲"修改器的使用和参数调整方法。本案例的弯曲圆柱体模型最终效果如图2-54所示。

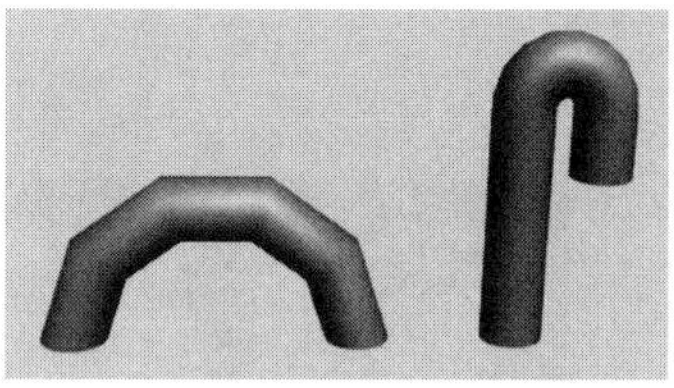

【制作步骤】

(1)在透视图中,利用"几何体"创建面板中的"圆柱体"命令创建一个半径为5,高度为70的圆柱体,其他参数保持不变。

图2-54 弯曲

(2)选择圆柱体,在"修改器列表"面板中选择"弯曲"选项,在"参数"卷展栏中设置"角度"值为180,效果如图2-55(c)所示。

(3)在修改器堆栈中选择"圆柱体"选项,切换回圆柱体修改面板,在"参数"卷展栏中修改圆柱体"高度分段"值为30,如图2-55(a)、图2-55(b)所示。

(4)在修改器堆栈中选择"弯曲"选项,切换回"弯曲"修改器面板,在"限制"选项组中勾选"限制效果"复选框,在"上限"文本框中输入20。

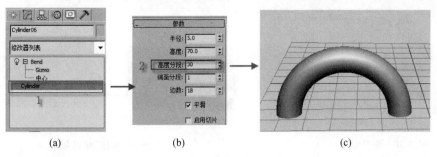

图 2-55 弯曲应用

(5) 在修改器堆栈中单击"弯曲"命令左边的"＋"号,打开子对象列表,选择 Gizmo 子对象,如图 2-56 所示。

图 2-56 展开 Gizmo

(6) 利用 工具,将圆柱体 Gizmo 的轴沿 Z 轴向上移动,如图 2-57 所示。

【注意提示】

　　Gizmo 子对象:可以在此子对象层级上与其他对象一样对 Gizmo 进行变换并设置动画,也可以改变"弯曲"修改器的效果。转换 Gizmo 将以相等的距离转换它的中心,根据中心转动和缩放 Gizmo。

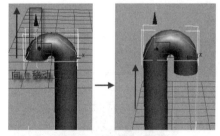

图 2-57 调整 Gizmo

　　中心子对象:可以在此子对象层级上平移中心并对其设置动画,改变弯曲 Gizmo 的图形,并由此改变弯曲对象的图形。

2.4.2 锥化

　　锥化是将物体沿某个轴向逐渐放大或缩小,可以将锥化的效果控制在三维图形的一定区域之内。效果为一端放大而另一端缩小,如图 2-58 所示。

　　进入"修改"面板,单击"修改器列表"下三角按钮,在弹出的列表中选择"锥化"选项,即可应用"锥化"修改器,如图 2-59 所示。

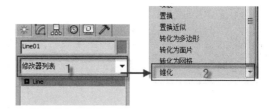

图2-58　锥化应用　　　　　　　　　　图2-59　"锥化"修改器

锥化长方体

【案例分析】

通过本案例熟练创建"长方体"模型,掌握"锥化"修改器的使用和参数调整方法。本案例的锥化长方体模型最终效果如图2-60所示。

【制作步骤】

(1) 在透视图中,利用"几何体"创建面板中的"长方体"命令创建一个长方体,参数设置:"长度"值为56,"宽度"值为50,"高度"值为45,"长度分段"值为10,"宽度分段"值为10,"高度分段"值为10。

(2) 选择长方体,在"修改器列表"面板中选择"锥化"选项,在"参数"卷展栏中设置"数量"值为-1.5,"曲线"值为0.71,锥化轴主轴为Y,锥化轴效果为XZ;勾选"限制效果"复选框,"上限"值为9.8,"下限"值为-12.0,效果如图2-61所示。

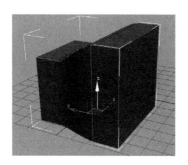

图2-60　锥化　　　　　　　　　　图2-61　锥化参数设置

2.4.3　噪波

"噪波"修改器可以在不破坏对象表面的情况下,使对象的表面突起、破裂和扭曲,常用来制作水面、山峰等模型,如图2-62所示。

图 2-62 噪波效果

进入"修改"面板,单击"修改器列表"下三角按钮,在弹出的列表中选择"噪波"选项,即可应用"噪波"修改器,如图 2-63 所示。

石头模型

【案例分析】

通过本案例熟练创建"球体"模型,掌握"噪波"修改器的使用和参数调整方法。本案例的石头模型最终效果如图 2-64 所示。

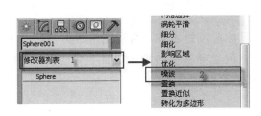

图 2-63 "噪波"修改器   图 2-64 石头模型

【制作步骤】

(1) 在透视图中,利用"几何体"创建面板中的"球体"命令,创建一个球体,参数设置:"半径"值为 30,"分段"值为 60。

(2) 选择"球体"模型,单击"修改器列表"下三角按钮,在弹出的列表中选择"噪波"选项。参数设置:"种子"值为 14,"比例"值为 180,勾选"分形"复选框,"迭代次数"值为 5.68,X 值为 −38.964,Y 值为 140.193,Z 值为 14.271。

2.5　复合物体建模

很多结构较为复杂的模型通常无法通过简单的实体建模方式进行创建,而需要运用较为高级的复合建模方法。复合物体建模是将两个或多个对象组合成新的单个对象,是 3ds Max 中重要的建模方法之一。在"创建"面板中单击"标准基本体"下三角按钮,打开下拉列表,在列表中选择"复合对象"选项,则打开"复合对象"面板,如图 2-65 所示。

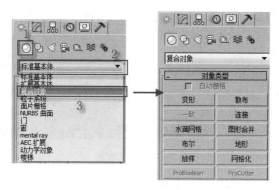

图 2-65 "复合对象"面板

⚙【注意提示】

"复合对象"命令是针对场景中已经存在的物体来进行各种操作和变换的,当场景中没有创建任何物体时,"对象类型"卷展栏中的多数按钮是无法被激活的。

下面介绍几种常用的复合建模工具。

2.5.1 散布

"散布"命令主要用来将源对象散布到目标对象的表面。通常使用结构简单的物体作为源对象,通过"散布"命令,用各种方式将它覆盖到目标对象的表面上,产生大量的复制品。通过它可以制作头发、胡须、草地等,如图 2-66 所示。

藤蔓模型

📖【案例分析】

通过本案例掌握散布复合建模和常用参数的调整方法,灵活应用二维图形的绘制,熟练掌握"挤出"修改器、"编辑多边形"修改器和"弯曲"修改器的使用。本案例的藤蔓模型最终效果如图 2-67 所示。

图 2-66 散布效果

图 2-67 藤蔓

🔧【制作步骤】

(1) 在透视图中,利用"几何体"创建面板中的"圆柱体"命令和"弯曲"修改器制作如图 2-68(a)所示的模型。

（2）利用二维图形"螺旋线"和"圆"命令并进行"放样"操作得到"茎"模型，如图2-68（b）所示。

（3）利用二维图形"线"命令和"挤出"修改器制作"叶子"模型，如图2-68（c）所示。

（4）选择"叶子"模型，在"复合对象"面板中，单击"散布"按钮。在"拾取分布对象"卷展栏中单击"拾取分布对象"按钮，选择"茎"模型，效果如图2-69所示。

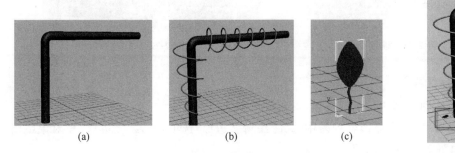

(a)　　　　　　(b)　　　　　　(c)

图2-68　藤蔓基本模型　　　　　　　　图2-69　拾取分布对象

（5）在参数面板中，展开"显示"卷展栏，设置"显示"值为50.0%；在"散布对象"卷展栏中设置"重复数"值为200，效果如图2-70所示。

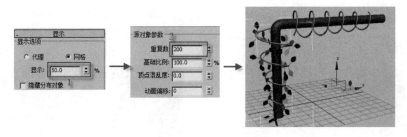

图2-70　修改参数

（6）最后以相同方法设置另一条藤蔓效果。

2.5.2　连接

"连接"命令用来将两个表面破损的三维模型连接并生成封闭的表面，使它们结合成一个三维模型。如果要将两个表面完整的三维模型连接，则可以先用"编辑多边形"修改器删除它们的部分表面，再作"连接"，效果如图2-71所示。

简单连接

【案例分析】

通过本案例掌握"连接"复合对象的使用，熟悉建模步骤。本案例应用"连接"后模型最终效果如图2-72所示。

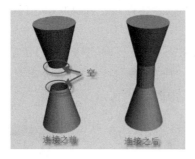

图 2-71　连接

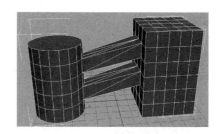

图 2-72　连接应用

【制作步骤】

（1）在透视图中创建一个圆柱体，参数采用默认值。

（2）选择圆柱体，在修改器列表中选择"编辑多边形"选项，进入"多边形"子对象编辑面板，删除如图 2-73 所示的面。

（3）在透视图中创建一个长方体，参数设置："长度分段"值为 4，"宽度分段"值为 5，"高度分段"值为 6。

（4）选择长方体，在修改器列表中选择"编辑多边形"选项，进入"多边形"子对象编辑面板，删除如图 2-74 所示的面。

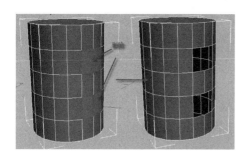

图 2-73　删除圆柱体的多边形面

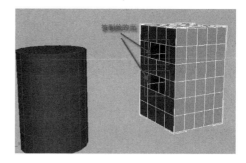

图 2-74　删除长方体的多边形面

（5）选择圆柱体，在"复合对象"面板中，单击"连接"按钮。在"拾取操作对象"卷展栏中单击"拾取操作对象"按钮，选择长方体。

2.5.3　布尔运算

"布尔运算"命令与二维图形中的布尔原理一致，都是针对两个以上对象的重叠部分作处理，通过进行并集、差集、交集的运算，从而得到新的物体形态。布尔运算是建模时常用的一种方法，通过使用基本几何体，可以快速、容易地创建任何有机体对象。布尔运算主要用来对两个以上的对象进行处理。

布尔运算的效果如图 2-75 所示。

源对象
长方体和球体　　布尔并集　　布尔交集　　布尔差集　　布尔差集

图 2-75　布尔效果

- 并集：布尔对象包含两个原始对象的体积，将移除几何体的相交部分或重叠部分。
- 差集：布尔对象包含从中减去相交部分的原始对象的体积。
- 交集：布尔对象只包含两个原始对象共用的体积（重叠的位置）。

烟灰缸模型

【案例分析】

通过本案例掌握布尔操作的原理和应用，以及多个布尔对象的操作方法。本案例的烟灰缸模型最终效果如图 2-76 所示。

【制作步骤】

（1）在透视图中，利用"扩展基本体"创建面板中的"切角长方体"命令创建烟灰缸的基本模型，参数设置："长度"值为 60.0，"宽度"值为 60.0，"高度"值为 15，"圆角"值为 2.5，"长度分段"值为 3，"宽度分段"值为 3，"圆角分段"值为 8。

（2）在透视图中，按住 Shift 键并利用移动工具，沿 Z 轴向上复制一个切角长方体，再利用缩放工具将复制得到的切角长方体沿 XY 面进行缩放，效果如图 2-77 所示。

图 2-76　烟灰缸

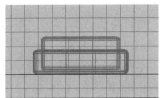

图 2-77　创建两个切角长方体

（3）在前视图中，利用"标准基本体"创建面板中的"圆柱体"命令创建一个圆柱体，作为布尔对象，"半径"值为 5。

（4）利用对齐工具，将圆柱体和切角长方体进行对齐，选择圆柱体，单击工具栏中的 （并集）按钮，再单击创建的第一个切角长方体，并利用移动工具放置到如图 2-78 所示的位置。

（5）在左视图中，利用"标准基本体"创建面板中的"圆柱体"命令再创建一个圆柱体，作为布尔对象，"半径"值为 5。

（6）利用对齐工具，将第二个圆柱体和第一个圆柱体进行对齐，选择第二个圆柱体，单击工具栏中的◎（并集）按钮，再单击第一个圆柱体，效果如图 2-79 所示。

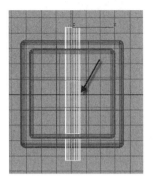 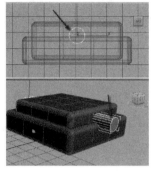 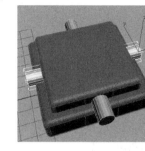

图 2-78　创建圆柱体　　　　　　　　图 2-79　复制圆柱体

（7）选择第一个切角长方体，在"复合对象"面板中，单击"布尔"按钮。在"参数"卷展栏中选择"差集（A－B）"选项，在"拾取布尔"卷展栏中单击"拾取操作对象 B"按钮，再单击第二个小的切角长方体，效果如图 2-80(a)所示。

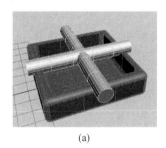 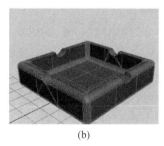

(a)　　　　　　　　　　　　　(b)

图 2-80　布尔"差集（A－B）"

（8）选择做完一次布尔的切角长方体，单击"布尔"按钮，在"拾取布尔"卷展栏中单击"拾取操作对象 B"按钮，再单击一个圆柱体。

（9）第三次单击"布尔"按钮，在"拾取布尔"卷展栏中单击"拾取操作对象 B"按钮，再单击另一个圆柱体。最终效果如图 2-80(b)所示。

🔒【小技巧】

布尔操作用于处理两个操作对象，即操作对象 A 和操作对象 B。如果要从选择为操作对象 A 的对象中连接或减去多个对象，就必须在每次选择完操作对象 B 之后单击"布尔"按钮。如果不这样做，而只是简单地单击"拾取操作对象 B"按钮，然后拾取下一个对象，之前的操作就会被取消，并且前一个操作对象 B 会消失。

在将多个对象连接到一个对象或从一个对象减去多个对象时，最有效的方法是，在尝试执行布尔操作之前先附加所有对象。

2.5.4 放样

1. 放样基本原理

放样是创建 3D 对象最重要的方法之一，放样建模利用两个或两个以上的二维图形来创建三维模型。利用放样可以创建作为路径的图形对象以及任意数量的横截面图形，该路径可以成为一个框架，用于保留形成放样对象的横截面。利用放样工具，可以制作更为复杂的三维模型，如复杂雕塑、踢脚线、欧式立柱、窗帘、牙膏牙刷等模型。

"放样建模"的原理是沿一条指定的路径排列截面图形，从而形成对象的表面，如图 2-81 所示。

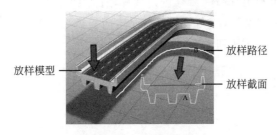

图 2-81 放样示意图

2. 放样建模的基本步骤

（1）创建二维图形，放样对象的截面图形和路径图形。

（2）选择路径图形或截面图形。在"复合对象"创建面板的"对象类型"卷展栏中单击"放样"按钮。

（3）在"创建方法"卷展栏中单击"获取图形"按钮，然后在视图中拾取截面图形或路径图形。

【注意提示】

如果先选择作为放样路径的图形，则在"创建方法"卷展栏中单击"获取图形"按钮；如果先选取作为截面图形的样条曲线，则要在"创建方法"卷展栏中单击"获取路径"按钮。两种没有本质区别，放样后的模型对象完全一样，只是放样后模型的位置和方向不同。

3. 放样建模的基本条件

（1）放样的截面图形和放样路径必须都是二维图形。

（2）对于截面图形，可以是一个，也可以是任意多个。

（3）放样路径只能有一条。

（4）截面图形可以是开放的图形，也可以是封闭的图形。

4. 单截面图形放样

1) 创建复杂管道

【案例分析】

通过本案例掌握放样建模的基本步骤和制作方法，能够根据最终模型对象，灵活绘制放样对象的截面图形和放样路径，掌握放样模型的修改方法。本案例的复杂管道模型最终效果如图 2-82 所示。

图 2-82　放样应用

【制作步骤】

（1）利用"图形"创建面板中的"线"命令创建如图 2-83 所示的放样路径图形，再利用"圆环"命令创建放样截面图形。

（2）选择放样路径"线"，在"复合对象"创建面板的"对象类型"卷展栏中单击"放样"按钮。

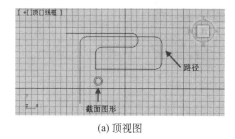

(a) 顶视图

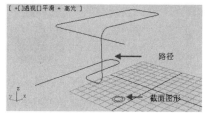

(b) 透视图

图 2-83　创建路径及截面图形

（3）在"创建方法"卷展栏中单击"获取图形"按钮，然后在视图中拾取截面图形，放样模型创建完成。

（4）选择截面图形"圆环"，在"修改"面板中，修改圆环的半径，观察放样对象的变化。

（5）利用移动工具，选择并移动放样对象，将它与放样路径分开。选择放样路径，在"修改"面板中，利用"点"编辑工具移动任意点的位置，观察放样对象的变化。

2) 创建相框模型

【案例分析】

通过本案例，在掌握放样建模的基本步骤和制作方法的基础上，进一步掌握放样对象的截面图形和放样路径的选择，掌握放样模型次对象的修改方法。本案例的相框模型最终效果如图 2-84 所示。

【制作步骤】

（1）利用"图形"创建面板中的"矩形"命令创建如图 2-85 所示的放样路径图形，再利用"线"命令创建放样截面图形。

（2）选择放样路径"矩形"，在"复合对象"创建面板的"对象类型"卷展栏中单击"放样"按钮。

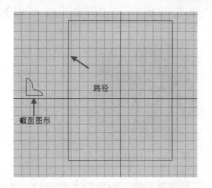

图 2-84　放样相框效果　　　　　　图 2-85　创建相框的截面及路径

（3）在"创建方法"卷展栏中单击"获取图形"按钮，然后在视图中拾取截面图形，放样模型创建完成。

（4）选择放样模型，在修改器堆栈中单击 Loft 命令左边的"＋"号，打开子对象列表，单击"图形"子对象，如图 2-86 所示。

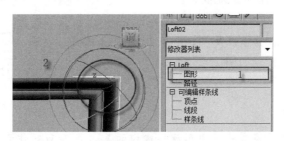

图 2-86　旋转图形

（5）在工具栏中单击 （选择并旋转）工具，利用旋转工具旋转时在放样模型上选择截面图形并旋转，如图 2-86 所示，观察放样模型的变化。

（6）利用移动和缩放工具，移动和缩放截面图形，观察放样模型的变化。

5．多截面图形放样

使用一个截面型放样只能创建一些比较简单的三维物体，如果想真正发挥放样建模的巨大功能，必须应用多截面型放样技术和放样变形技术。下面先介绍多截面放样对象。

1）创建桌布

【案例分析】

通过本案例掌握多截面图形放样建模的基本步骤和制作方法，掌握截面图形的调整方法。本案例的桌布模型最终效果如图 2-87 所示。

【制作步骤】

（1）在顶视图中，利用"图形"创建面板中的"圆"和"星形"命令创建如图 2-88 所示的放样截面图形。圆形参数设置："半径"值为 45；星形参数设置："半径 1"值为 63，"半径

2"值为46,"点"值为14,"圆角半径1"值为7.0,"圆角半径2"值为9.0,如图2-88所示。

图 2-87　放样桌布

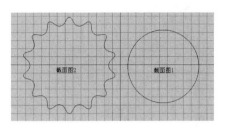

图 2-88　创建截面

（2）在前视图中,利用"图形"创建面板中的"线"命令绘制一条直线作为放样路径图形,沿从上到下垂直方向进行路径绘制。

（3）选择放样路径"直线",在"复合对象"创建面板的"对象类型"卷展栏中单击"放样"按钮。

（4）在"创建方法"卷展栏中单击"获取图形"按钮,然后在视图中拾取第一个截面图形"圆形"。

（5）在"路径参数"卷展栏中,设置"路径"值为100。在"创建方法"卷展栏中单击"获取图形"按钮,在视图中拾取第二个截面图形"星形"。参数设置如图2-89所示。

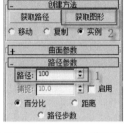

图 2-89　选择路径、获取图形

2）另类圆桌

【案例分析】

通过本案例熟练掌握多截面图形放样建模的基本步骤和制作方法,掌握截面图形的调整方法。本案例的另类圆桌模型最终效果如图2-90所示。

【制作步骤】

（1）在顶视图中,利用"图形"创建面板中的"圆"、"星形"和"多边形"命令创建放样截面图形。圆形参数设置:"半径"值为50;星形参数设置:"半径1"值为10,"半径2"值为36,"点"值为14,"圆角半径1"值为9.0,"圆角半径2"值为6.0,如图2-91所示。

图 2-90　另类圆桌

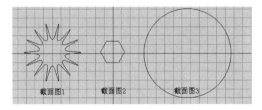

图 2-91　创建三个截面

（2）在前视图中,利用"图形"创建面板中的"线"命令绘制一条直线作为放样路径图形,沿从下到上垂直方向进行路径绘制。

（3）选择放样路径"直线",在"复合对象"创建面板的"对象类型"卷展栏中单击"放样"按钮。

（4）在"创建方法"卷展栏中单击"获取图形"按钮，然后在视图中拾取第一个截面图形"星形"。

（5）在"路径参数"卷展栏中，设置"路径"值为70，在"创建方法"卷展栏中单击"获取图形"按钮，在视图中拾取第二个截面图形"多边形"。

（6）在"路径参数"卷展栏中，设置"路径"值为95，在"创建方法"卷展栏中单击"获取图形"按钮，在视图中拾取第三个截面图形"圆形"。

2.5.5 放样中的变形

使用变形曲线命令可以改变放样对象在路径上不同位置的形态。3ds Max中有5种变形曲线，分别为"缩放"、"扭曲"、"倾斜"、"倒角"和"拟合"。所有的编辑都是针对截面图形的。当放样完成以后，如需要对放样对象的形态进行局部修改，可以进入到"修改"面板，在面板底部有一个"变形"按钮，单击该按钮可以展开"变形"卷展栏，如图2-92所示。

5个变形曲线的命令按钮的右侧都有一个激活/不激活按钮，用于切换是否应用变形的结果，并且只有该按钮处于激活状态，变形曲线才会影响对象的外形。

1. 缩放

用于对放样截面进行缩放操作，以获得同形状的截面在路径的不同位置上的大小不同的效果。可以使用这种编辑器制作花瓶、圆柱等模型。

1）创建棒球棍

【案例分析】

通过本案例掌握放样变形中的缩放功能的使用，重点理解缩放功能的原理，灵活运用缩放变形完成模型的制作。本案例的棒球棍模型最终效果如图2-93所示。

图2-92 放样中的变形

图2-93 放样变形效果

【制作步骤】

（1）在前视图中，创建放样截面图形"圆"和一条放样路径直线。

（2）利用放样工具得到放样模型圆柱体。

（3）在修改器面板的"变形"卷展栏中，单击"缩放"按钮，打开"缩放变形"窗口，如图2-94所示。

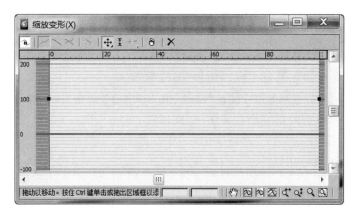

图 2-94　"缩放变形"窗口

（4）单击 (插入角点)按钮，在曲线上单击，插入新的角点，角点位置如图 2-95 所示。

图 2-95　插入新的角点

（5）单击 (选择并移动)按钮，利用移动工具调整点的位置，如图 2-96 所示。右击控制点，在弹出的快捷菜单中改变点的类型。点的类型包括"角点"、"Bezier-平滑"和"Bezier-角点"3 种。

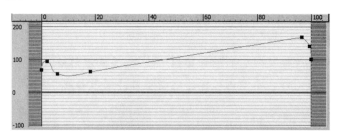

图 2-96　调整点的位置

2）制作牙膏模型

【案例分析】

通过本案例掌握放样变形中的缩放功能，重点理解不均衡缩放的使用，根据需要调整 X/Y 轴的缩放效果。本案例的牙膏模型最终效果如图 2-97 所示。

图 2-97　牙膏效果图

【制作步骤】

（1）在前视图中，创建放样截面图形"圆"和一条放样路径直线。

（2）利用放样工具得到放样模型圆柱体。

（3）在修改器面板的"变形"卷展栏中，单击"缩放"按钮，打开"缩放变形"窗口添加控制点，并调整为如图2-98所示的形状。

图2-98 调整X轴向缩放控制点

（4）单击 （均衡）按钮，关闭均衡效果，单击 （X轴）按钮，添加控制点并调整，效果如图2-99所示。

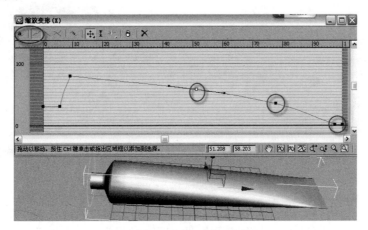

图2-99 调整X轴向缩放

（5）单击 （Y轴）按钮，调整效果如图2-100所示，观察模型的变化。

（6）利用"星形"、"线"命令及放样、缩放变形工具制作牙膏盖，如图2-101所示。

2. 扭曲

该编辑器用于沿放样路径所在轴旋转放样截面图形以形成扭曲。对放样模型进行扭曲可以创建钻头、螺丝等模型。

特色镜框

【案例分析】

通过本案例掌握放样变形中的扭曲功能的使用，重点理解扭曲功能的原理，灵活运用扭曲变形完成模型的制作。本案例的特色镜框模型最终效果如图2-102所示。

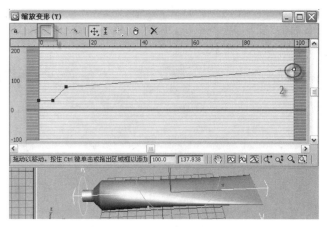

图 2-100　增加 Y 轴缩放控制点

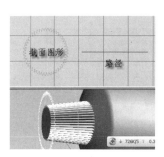

图 2-101　制作牙膏盖

图 2-102　扭曲效果应用

【制作步骤】

（1）在前视图中，创建放样截面图形"矩形"，设置"长度"值为 1.5，"宽度"值为 1.5，"角半径"值为 0.4。创建放样路径"椭圆"，设置"长度"值为 20，"宽度"值为 15。

（2）利用放样工具得到初步放样模型。

（3）在修改器面板的"变形"卷展栏中，单击"扭曲"按钮，打开"扭曲变形"窗口。

（4）插入新的角点，单击"移动"按钮，利用移动工具调整点的位置，如图 2-103 所示。

3. 倾斜

该编辑器用于围绕局部 X 轴和 Y 轴旋转放样模型的截面图形。该命令常用来辅助与路径有偏移的截面图形生成其他方法难以创建的对象。

被撞坏的圆管

【案例分析】

通过本案例掌握放样变形中的倾斜功能的使用，重点理解倾斜功能的原理，灵活运用倾斜变形完成模型的制作。本案例的被撞坏的圆管模型最终效果如图 2-104 所示。

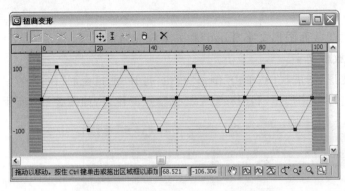

图 2-103 在"扭曲变形"窗口增加控制点

图 2-104 倾斜应用

【制作步骤】

（1）在前视图中，创建放样截面图形"圆环"和一条放样路径直线。

（2）利用放样工具得到放样模型圆柱体。

（3）在修改器面板的"变形"卷展栏中，单击"倾斜"按钮，打开"倾斜变形"窗口。

（4）关闭均衡效果，选择 Y 轴，插入新的角点，单击"移动"按钮，利用移动工具调整点的位置，如图 2-105 所示。

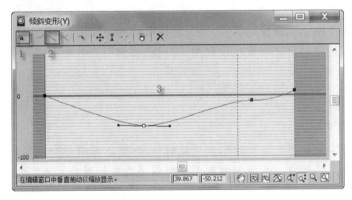

图 2-105 "倾斜变形"调整

4. 倒角

"倒角"变形曲线命令用来为放样对象添加倒角效果，效果同使用"倒角"修改器的效果。

倒角文字

【案例分析】

通过本案例掌握放样变形中的倒角功能的使用，重点理解倒角功能的原理，灵活运用倒角变形完成模型的制作。本案例的倒角文字模型最终效果如图 2-106 所示。

图 2-106 倒角文字

✖【制作步骤】

（1）在前视图中，创建放样截面图形文字"Logo"和一条放样路径直线。

（2）利用放样工具得到放样文字。

（3）在修改器面板的"变形"卷展栏中，单击"倒角"按钮，打开"倒角变形"窗口。

（4）插入新的角点，单击"移动"按钮，利用移动工具调整点的位置，如图 2-107 所示。

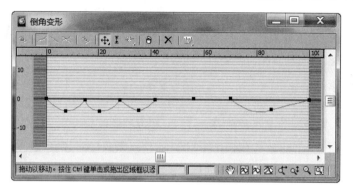

图 2-107　调整"倒角变形"曲线

5. 拟合

"拟合"编辑器用于在路径的 X、Y 轴上进行拟合放样操作，它是放样功能最有效的补充。拟合的原理是通过定义对象在顶视图、前视图和侧视图的轮廓线，创建出合适的三维对象，如图 2-108 所示。

刷子模型

✦【案例分析】

通过本案例掌握放样变形中的拟合功能的使用，重点理解拟合功能的原理，灵活运用拟合变形完成模型的制作。本案例的刷子模型最终效果如图 2-109 所示。

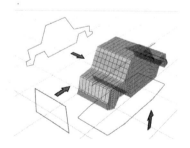

图 2-108　放样拟合示意图

图 2-109　放样拟合应用

✖【制作步骤】

（1）在前视图中，创建放样 3 个截面图形和一条路径，效果如图 2-110 所示。

（2）选择路径，选择"放样"选项，单击"获取图形"按钮，选择"截面图形 1"，效果如图 2-111 所示。

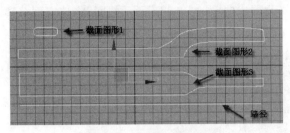

图 2-110　放样拟合截面图　　　　　　　图 2-111　用"截面图形 1"放样

（3）在修改器面板的"变形"卷展栏中，单击"拟合"按钮，打开"拟合变形"窗口。单击 (均衡)按钮，关闭均衡效果。

（4）单击 (X 轴)按钮，再单击 (获取图形)按钮，选择"截面图形 2"，效果如图 2-112(a)所示。

（5）单击 (Y 轴)按钮，再单击 (获取图形)按钮，选择"截面图形 3"，效果如图 2-112(b)所示。

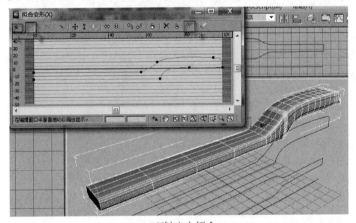

(a) X轴方向拟合

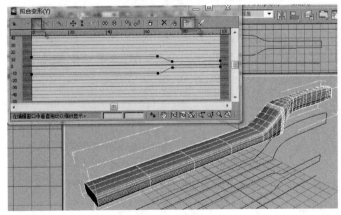

(b) Y轴方向拟合

图 2-112　拟合

（6）给放样对象添加"编辑多边形"修改器，选择如图 2-113 所示的面，将选定面分离出来。

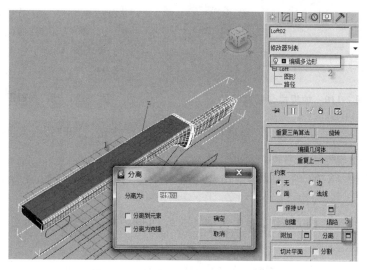

图 2-113 添加"编辑多边形"修改器

（7）利用"编辑多变形"命令，进入"边"子对象，使用"连接"功能，将该平面调整为如图 2-114 所示的效果。

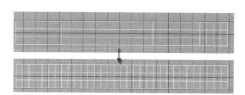

图 2-114 利用"连接"命令增加片段数

（8）在透视图中，使用"扩展基本体"创建面板中的"胶囊"命令，创建刷子其中的一根。

（9）选择胶囊，在"复合对象"面板中，单击"散布"按钮。在"拾取分布对象"卷展栏中单击"拾取分布对象"按钮，选择分离出来的"面"，在"分布对象参数"选项组中选择"所有面的中心"选项，制作完成。

📝【本章小结】

无论多么复杂的场景模型都是由基本模型组合或加工而成的。本章是今后学习的基础，只有掌握了扎实的功底，才能轻松畅游 3D 世界。通过本章的学习，应该能够：

- 熟练应用"创建"面板创建各种三维几何体和二维图形；
- 掌握利用编辑多边形制作复杂的模型；
- 掌握利用编辑样条线绘制复杂的二维图形；
- 掌握常用修改器进行模型修改的方法。

【课堂实训】

1. 利用标准基本体和"移动"、"旋转"等工具完成雪人模型,如图 2-115 所示。

任务:

(1) 利用基本几何体完成雪人基本模型;

(2) 利用"移动"和"旋转"工具调整位置;

(3) 渲染输出为图片格式的文件。

2. 利用"放样"工具制作牙膏和牙刷模型,如图 2-116 所示。

任务:

(1) 利用二维图形线绘制放样路径和图形;

(2) 利用"放样"工具进行放样以及放样变形;

(3) 渲染输出为图片格式的文件。

3. 利用二维图形和"挤出"、"布尔"等工具完成夹子的制作,如图 2-117 所示。

任务:

(1) 利用二维图形线绘制夹子截面图形;

(2) 利用"挤出"工具,将截面图形挤出得到三维模型;

(3) 利用基本几何体绘制四个小长方体;

(4) 利用"布尔"工具将夹子和长方体进行布尔运算;

(5) 渲染输出为图片格式的文件。

图 2-115 雪人

图 2-116 牙具

图 2-117 夹子

第**3**章

材质、灯光、摄像机及环境

【本章导读】

通过本章的学习,将了解在三维动画设计中,一个好的场景模型只有通过恰当的材质、灯光设置,才能表现出它的造型美感和环境的气氛。

【技能要求】

(1) 了解材质的基本概念,掌握材质编辑器的常用参数的设置方法;

(2) 掌握标准灯光一般参数的设置方法;

(3) 掌握摄像机的创建和一般的调节方法;

(4) 了解雾、火焰的基本参数含义及创建雾、火焰的方法。

3.1 材质的特性

在三维渲染中,材质是指对真实材料的视觉效果的模拟,场景中的三维对象本身不具备任何表面特征,因此也就不会产生与现实材料相一致的视觉效果,为产生与实际材料相同的视觉效果,只有通过材质的模拟来做到,这样在三维设计中的场景、角色才会呈现出某种真实材料的视觉特征,具有材质感。

场景、角色对象的质感的模拟完全由材质控制,灯光只是使场景对象产生明暗变化,呈现立体感,材质对最终渲染效果的影响十分明显,甚至会影响成品对象的外部形态,它会给呆板的模型赋予生机。图 3-1 所示为没有材质的模型与赋予材质后的效果对比。

3.1.1 材质的物理属性

1. 材质的概念

简单地说,材质就是物体看起来具有什么样的质地,它是用来指定物体的表面的物理属性,决定这些平面在着色时的特性,如颜色、光亮程度、自发光度及不透明度等,而指定到材质上的图形被称为"贴图",如图 3-2 所示。

图 3-1 模型与质感效果对比

图 3-2 无贴图与有贴图对比

在三维设计软件中,材质和贴图主要用于描述对象表面的物质形态,构造真实世界中自然物质表面的视觉表象。不同的材质和贴图能够给人带来不同的视觉感受,因此贴图在三维设计软件中是营造客观事物真实效果的最有效手段之一。

2. 光源色、固有色与环境色

1）固有色

固有色是指物体在正常日光照射下所呈现出的固有的色彩。如红花、紫花、黄花等色彩的区别。

2）光源色

光源色是指某种光线,如太阳光、月光、灯光、蜡烛光等照射到物体上所产生的色彩变化。在日常生活中,同样一个物体,在不同的光线照射下会呈现不同的色彩。比如同是阳光,早晨、中午、傍晚的色彩也是不相同的,早晨偏黄色、玫瑰色,中午偏白色,而在黄昏则偏橘红、橘黄色。

阳光还因季节的不同,呈现出不同的色彩变化,夏天阳光直射,光线偏冷,而冬天阳光则偏暖。光源颜色越强烈,对固有色的影响就越大,甚至可以改变固有色,所以光线的颜色直接影响物体固有色的变化。光源色在三维软件中体现在灯光的应用上。

3）环境色

环境色是指物体表面受到光照后,除吸收一定的光外,也能反射到周围的物体上,尤其是光滑的材质具有强烈的反射作用。另外在暗部中反映较明显。环境色的存在和变化,加强了画面相互之间的色彩呼应和联系,也大大丰富了画面的色彩。环境色的掌握对**学习**三维软件的材质非常重要,图 3-3 所示为固有色、光源色、环境色及影响效果。

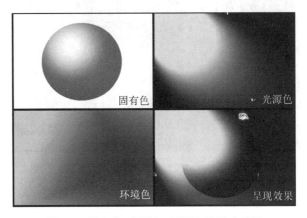

图 3-3　固有色、光源色、环境色及影响效果

3.1.2　材质的构成及材质编辑器

1. 材质的构成

材质是对视觉效果的模拟,而视觉效果包括颜色、质感、反射、表面粗糙程度以及纹理等诸多因素,这些视觉因素的变化和组合使得各种物质呈现出各不相同的视觉特性。而材质正是通过对这些因素进行模拟,使场景对象具有某种材料特有的视觉特性。

材质既然模拟的是一种综合的视觉效果,那么它本身也是一个综合体。材质由若干参数构成,每一个参数负责模拟一种视觉因素,如颜色、反光、透明、纹理等,图 3-4 所示为不同的材质效果表现。

图 3-4　3ds Max 模拟不同材质效果

2. 材质编辑器

在 3ds Max 中,按 M 键进入材质编辑器。材质编辑器大致分成三个部分,如图 3-5 所示。

1) 材质样本

样本材质球所在的样本槽代表一种材质,对于某一材质编辑时,先用鼠标激活该材质样本槽,这时激活样本槽四边会有白色线框,如图 3-6 所示。样本槽的数量是可以改变的,选中一个样本槽右击,出现如图 3-7 所示的快捷菜单。

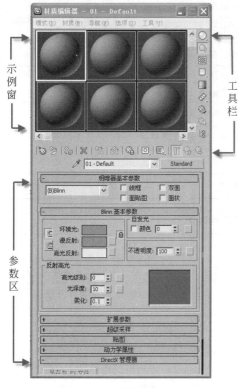

图 3-5　材质编辑器

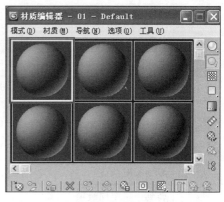

图 3-6　材质球

图 3-7　快捷菜单

【注意提示】

一个场景中所使用的材质数量与样本槽之间没有相互限制,样本槽是负责显示材质效果而不是储存材质的,而材质可以被存储在场景文件或保存在材质库中,使用时可以从场景或材质库中调用,调用的材质便会在样本槽中显示。因此,样本槽的数量不会限制材质的数量。

2) 工具栏部分

工具栏分别分布在样本槽视窗的右侧和下方。工具栏的命令可以完成材质的调用、存储和赋予场景对象等功能。示例窗下面的工具栏是用于管理和更改贴图及材质的按钮,为了帮助记忆,编者将位于示例窗下面的工具栏称为水平工具栏,如表 3-1 中列出了它们的具体功能;将示例窗右侧工具栏称为垂直工具栏,如表 3-2 列出了它们的具体功能。

表 3-1　水平工具栏简介

按钮	名　称	功　能
	获取材质	单击该按钮可打开"材质/贴图浏览器"对话框,在该对话框中可以选择材质或贴图
	将材质放入场景	使当前样本材质成为同步材质
	将材质指定给选择对象	将编辑好的材质赋予场景中被选中的物体
	重置贴图/材质为默认设置	恢复当前材质的默认设置
	复制材质	给当前材质制作副本
	使唯一	使一个实例化的子材质成为唯一的独立子材质
	放入库	将经过编辑的材质放回材质库
	材质 ID 通道	选择相应的材质 ID 通道将其指定给材质,该效果可以被 Video Post 过滤器用来控制后期处理的位置
	在视图窗口中显示贴图	可以使贴图在视图中的对象表面显示
	显示最终效果	显示当前层材质的最后效果
	转到父对象	进入操作过程的上一级
	转到下一个同级项	在当前层中,进入到下一个贴图或材质

表 3-2　垂直工具栏简介

按钮	名　称	功　能
	采样类型	显示样本的显示方式,默认为球形,还有圆柱和立方体式
	背光	给视图中的样本添加一个背光效果,默认状态为打开状态
	背景	给样本加一个方格背景
	采样 UV 平铺	样本中贴图重复次数,有 1 次、4 次、9 次和 16 次重复
	视频颜色检查	检查 NTSC 和 PAL 制式以外的视频信号和颜色
	生成预览	给动画材质后生成预览文件,可播放和存储预览文件
	选项	用来调整实例窗显示参数
	按材质选择	将选定材质赋予某物体后,单击该按钮会打开选择物体对话框
	材质/贴图导航器	打开"材质/贴图导航器",以选择材质/贴图层级

3）参数调整部分

该部分是材质编辑的主体部分,正是在这部分中通过基本参数与贴图等来模拟各种视觉因素,材质编辑器展开后如图 3-8 所示。

（1）材质的基本参数

通过基本参数的调整,可以做出简单的材质,材质的基本参数聚集在"明暗器基本参数"和"基本参数"两个卷展栏中,如图 3-9 所示。这些参数用于设置材质的明暗器、颜色、反光度、透明度等基本参数。

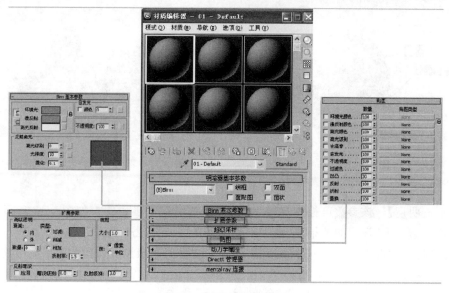

图 3-8 材质编辑器展开

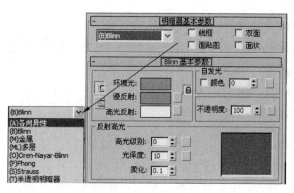

图 3-9 材质基本参数

【环境光】 用于控制材质阴影区的颜色,它比漫反射区颜色要暗,并且应具有环境的反射颜色,所以说环境光的颜色并非黑色而是与漫反射周围环境区域相协调的颜色。

【漫反射】 漫反射区域代表材质表面阴影区与高光区之间的区域,这个区域也是影响材质表面颜色最显著的区域,漫反射的颜色控制着材质绝大部分可见区域的色彩。

【高光反射】 高光区是指材质表面高光点及其周围区域,通常该区域的颜色是材质本身色彩区域色彩增亮之后的颜色,大多接近白色,材质表面高光区的大小及强弱受高光级别和光泽度控制。

在 3ds Max 中 Blinn 明暗器中的颜色是由"高光反射"、"漫反射"、"环境光"三种颜色组成,如图 3-10 所示。

"自发光"参数常用于模拟灯光、夜光灯等一些自发光效果。勾选"自发光"选项组中的"颜色"复选框,将会出现颜色显示窗,可以通过调整颜色显示窗的颜色,来确定对象的自发光程度。绝对的白色为完全的自发光效果,而 100%黑色没有自发光效果,如图 3-11 所示。

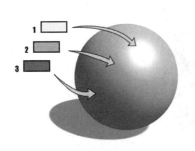

图 3-10

1—高光反射；2—漫反射；3—环境光

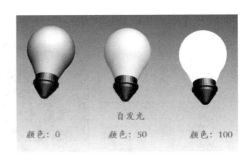

图3-11　不同参数的自发光效果

【不透明度】 该参数可控制材质是不透明、透明还是半透明。如图 3-12 所示，左图为进行"不透明度"设置的效果，右图为不透明度贴图所控制的不透明度效果。

"反射高光"选项组中的三个参数分别用于设置高光级别、光泽度以及柔化效果，如图 3-13 所示。

图 3-12　不透明度

图 3-13　"反射高光"参数

【高光级别】 该参数控制反射高光的强度，该数值越大，高光将越亮。

【光泽度】 该参数控制反射高光的大小。

【柔化】 该参数用于柔化反射高光效果。右侧的高光曲线图，用于显示调整"高光级别"和"光泽度"的效果。

（2）明暗器基本参数

明暗模式是阴影类型，即标准材质的最基本属性，也称为反光类型，例如一块布料和一块金属在光的照射下所呈现出的反光效果是完全不同的。

【各向异性】 该项明暗器可以产生椭圆形的高光效果，常用来模拟头发、玻璃或磨砂金属等对象的质感，如图 3-14 所示。

【Blinn】 该项明暗器与 Phong 明暗器具有相同的功能，但拥有比 Phong 明暗器更为柔和的高光，较适用于球体对象，如图 3-15 所示，使用 Blinn 明暗器模拟人物的眼睛。

【金属】 该项明暗器去除了"高光反射"颜色和"柔化"参数值，使"反射高光"与"光泽度"对比很强烈，常用于模拟金属质感的对象，如图 3-16 所示。

【多层】 该项明暗器与"各向异性"明暗器效果较为相似，不同之处在于，"多层"明暗模式能够提供两个椭圆形的高光，形成更为复杂的反光效果，如图 3-17 所示。

图 3-14 各向异性模拟磨砂金属

图 3-15 Blinn 模拟人的眼睛

图 3-16 金属反光特征与应用

图 3-17 多层反光特征与应用

【Oren-Nayar-Blinn】 该明暗模式具有反光度低、对比弱的特点,适用于无光表面,例如纺织品、粗陶、赤土等对象,如图 3-18 所示。

【Phong】 该明暗器与默认的 Blinn 明暗器相比,具有更明亮的高光,高光部分的形状呈椭圆形,更易表现表面光滑或者带有转折的透明对象,例如玻璃,如图 3-19 所示。

图 3-18 Oren-Nayar-Blinn 反光特征与应用

图 3-19 Phong 模拟玻璃

【Strauss】 该明暗器适用于金属和非金属表面,效果弱于"多层"明暗器,但是 Strauss 明暗器的界面比其他明暗器的简单,易于掌握和编辑,如图 3-20 所示。

【半透明明暗器】 半透明明暗方式与 Blinn 明暗方式类似,但它还可用于指定半透明对象。半透明对象允许光线穿过,并在对象内部使光线散射。可以使用半透明来模拟被霜覆盖的和被侵蚀的玻璃,如图 3-21 所示。

【线框】 复选框可以清除对象的表面部分,只保留对象的线框结构,可以在"扩展参数"卷展栏中设置线框的大小,如图 3-22 所示。

【双面】 复选框可以忽略对象表面的法线,对所有的表面进行双面显示,如图 3-23 所示。

图 3-20　Strauss 模拟金属

图 3-21　半透明

图 3-22　"线框"特征

图 3-23　"双面"特征

【面贴图】　复选框可以将材质应用到几何体的每一个面上。如果材质是贴图材质，则不需要贴图坐标，贴图会自动应用到对象的每一面，如图 3-24 所示。

【面状】　复选框的效果相似于对象清除平滑组的效果，该功能只应用于渲染，对对象本身没有影响，如图 3-25 所示。

图 3-24　"面贴图"特征

图 3-25　"面状"特征

（3）材质的扩展参数

"扩展参数"卷展栏是基本参数的延伸，它可以控制透明、折射率、反射暗淡以及线框参数。"扩展参数"卷展栏如图 3-26 所示。

首先来介绍一下"高级透明"选项区域。

【衰减】　内：从边缘向中心增加透明度，也就是材质中间比边缘更透明，两者的差别由"数量"中的数值来决定，数值越大，两者反差越大；外：从中心向边缘增加透明度，与内互为反效果，外部边缘比内部更透明，这种情况使用较少，如图 3-27 所示。

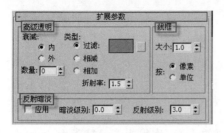

图 3-26 扩展参数

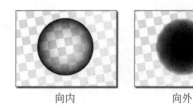

向内　　　　向外

图 3-27 内外衰减对比

【数量】 用来调节衰减的程度,如图 3-28 所示。

图 3-28 不同数值的衰减

【类型】 用来确定透明效果的方式,如图 3-29 所示。

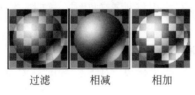

过滤　　　相减　　　相加

图 3-29 不同的叠加类型

过滤:用过滤色来确定透明的颜色。

相减:用材质的颜色减去背景的颜色来确定透明色彩,使材质背后的颜色加深。

相加:用材质的颜色加上背景的颜色来确定透明色彩,使材质背后的颜色变亮。

折射率:用来设置折射贴图和光线跟踪的折射率。IOR 用来控制材质对透射灯光的折射程度。

其次了解"线框"选项区域的设置。

该选项组中的"大小"参数用来设置线框大小。

"按"选项右侧的两个单选按钮用于指定测量线框的方式。选中"像素"单选按钮后,将以像素为单位进行测量;选中"单位"单选按钮时,以 3ds Max 所设置的单位进行测量。

最后,熟悉"反射暗淡"选项区域中的参数设置。

该选项组的参数设置可以使阴影中的反射贴图显得暗淡。

3.2 灯　　光

3.2.1　3ds Max 灯光介绍

　　灯光是 3ds Max 中模拟自然光照效果最重要的手段,称得上是 MAX 场景的灵魂。灯光在表现场景、气氛等方面有着非常重要的作用,在三维场景中仅有精美的模型和逼真的材质纹理还不够,只有在场景中有了合适的灯光,才能增强物体的表现力。

　　在渲染时,MAX 中的灯光作为一种特殊的物体本身是不可见的,可见的是光照效果。如果场景内没有一盏灯光(包括隐含的灯光),那么所有的物体都是不可见的。不过 MAX 场景中存在着两盏默认的灯光,虽然一般情况下在场景中是不可见的,但是仍然担负着照亮场景的作用。一旦场景中建立了新的光源,默认的灯光将自动关闭。如果场景内所有灯光都被删除,默认的灯光又会被自动打开。默认灯光有一盏位于场景的左上方,另外一盏则位于场景的右下方。

3.2.2　灯光使用的基本目的

　　(1)为了提高场景的照明程度。默认状态下,视图中默认两盏灯光的照明程度往往不够,很多复杂物体的表面都不能很好地表现出来,这时就需要为场景增加灯光来改善照明程度。

　　(2)通过逼真的照明效果来提高场景的真实性。

　　(3)为场景提供阴影,提高真实程度,因为所有的灯光都可以产生阴影效果,还可以设置灯光是否投射或接受阴影。

　　(4)因为灯光本身不能渲染,所以还需要创建复合发射光源几何体,自发光类型的材质也可起到光源的辅助作用。

　　(5)制作光域网照明效果场景。通过为光度学灯光设置各种光域网文件,可以很容易地制作出各种不同的照明分布效果,这些光域网文件可以直接从制造厂商获得。

3.2.3　标准灯光的类型与作用

　　标准灯光是基于计算机的模拟灯光对象,如家用或办公室灯、舞台和电影工作时使用的灯光设备和太阳光本身。不同种类的灯光对象可用不同的方法投射灯光,模拟不同种类的光源,如图 3-30 所示。

1. 灯光介绍

　　标准灯光是 3ds Max 中的传统灯光系统,属于一种模拟的灯光类型,能够模仿生活中的各种光源,并且由于光源的发光方式不同而产生各种不同的光照效果,它与光度学灯

光的最大区别在于没有基于实际的物理属性来设置灯光的参数。标准灯光共有 8 种灯光
对象,分别如图 3-31 所示。

图 3-30 计算机模拟光源效果

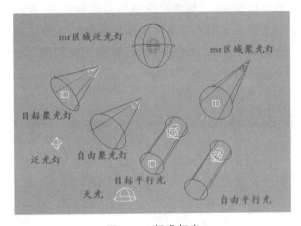

图 3-31 标准灯光

1)目标聚光灯

聚光灯是从一个点投射聚焦的光束,如图 3-32 所示。在系统默认的状态下光束呈锥
形。目标聚光灯包含目标和光源两部分,方向性非常好,加入投影设置可以产生优秀的静
态仿真效果;缺点是在进行动画照明时不易控制方向,两个图标的调节常使发射范围改
变,也不易进行跟踪照射。它有矩形和圆形两种投影区域,矩形适合制作电影投影图像、
窗户投影等;圆形适合路灯、车灯、台灯及模拟舞台的跟踪灯光或者是马路上的路灯照射
效果。

2)自由聚光灯

同属于聚光灯的自由聚光灯没有目标点,只能通过移动和旋转自由聚光灯以使其指
向任何方向,产生锥形的照明区域。它其实是一种受限制的目标聚光灯,因为只能控制它
的整个图标,而无法在视图中对发射点和目标点分别调节。它的优点是不会在视图中改
变投射范围,特别适合一些动画灯光,如摇晃的船桅灯、摇晃的手电筒、舞台上的投射灯、
矿工头上的射灯、汽车前大灯等。

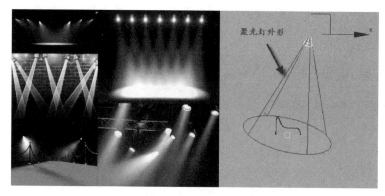

图 3-32　聚光灯效果

3）目标平行光

目标平行光相似于目标聚光灯,其照射范围呈圆形和矩形,而不是"锥形",光线平行发射。这种灯光通常用于模拟太阳光在地球表面上投射的效果,对于户外场景尤为适合。如果作为体积光源,它可以产生一个光柱,常用来模拟探照灯、激光束等特殊效果,如图 3-33 所示为聚光灯模型与平行光模型的比较。

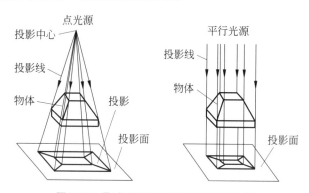

图 3-33　聚光灯模型与平行光模型比较

4）自由平行光

与目标平行光不同,自由平行光没有目标对象,它也只能通过移动和旋转灯光对象以在任何方向将其指向目标,这样可以保证照射范围不发生改变,如果对灯光的范围有固定要求,尤其是在灯光的动画中,是一个非常不错的选择。

5）泛光灯

泛光灯在视图中显示为正八面体图标,是从单个光源向各个方向投射光线。标准的泛光灯用来照亮场景,它的优点是易于建立和调节,不用考虑是否有对象在范围外而不被照射到;缺点是不能创建得太多,否则效果就会显得平淡,无层次感。

泛光灯参数与聚光灯的参数大体相同,也可以进一步扩展功能,如全面投影、衰减范围,这样它也可以有灯光的衰减效果、投射阴影和图像。它与聚光灯的差别在于照射范围,一盏投影泛光灯相当于 6 盏聚光灯所产生的效果,一般情况下泛光灯用于将辅助照明添加到场景中。这种类型的光源常用于模拟灯泡和荧光棒等效果,如图 3-34 所示。

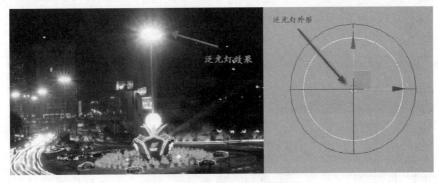

图 3-34　泛光灯外形及照射效果

6）天光

天光可以将光线均匀地分布在对象的表面，并与光跟踪器渲染方式一起使用，从而模拟真实的自然光效果，如图 3-35 所示。

图 3-35　天光模拟真实的自然光效果

7）mr 区域泛光灯

mr 区域泛光灯在系统默认的扫描线渲染方式下与标准的泛光灯的效果相同，当使用 mental ray 渲染器渲染场景时，区域泛光灯从球体或圆柱体区域发射光线，而不是从点光源发射光线。

8）mr 区域聚光灯

mr 区域聚光灯在系统默认的扫描线渲染方式下与标准的聚光灯的效果相同，当使用 mental ray 渲染器渲染场景时，区域聚光灯从矩形或碟形区域发射光线，而不是从点光源发射光线。

2. 标准灯光的重要参数

【倍增】　对灯光的照射强度进行倍增控制，默认值为 1.0，如果设置值为 2.0，则光的强度会增加一倍；如果设置为负值，将会产生吸收光的效果。通过这个选项增加场景的亮度可能会造成场景颜色过曝，还会产生视频无法接受的颜色，所以除非是效果或特殊情况下进行这样的设置，否则应尽量保持在默认的 1.0。倍增控制效果如图 3-36 所示。

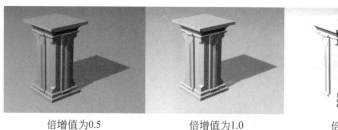

| 倍增值为0.5 | 倍增值为1.0 | 倍增值为2.0 |

图 3-36　不同倍增值的控制效果

【颜色】　单击"颜色"按钮,可以弹出色彩调节框,直接在调节框中调节灯光的颜色,灯光的颜色是用来烘托场景气氛的,颜色可以通过以下两种方式进行调节。

R、G、B:分别调节 R(红)、G(绿)、B(蓝)三原色值。

H、S、V:分别调节 H(色调)、S(饱和度)、V(亮度)三项数值,如图 3-37 所示。

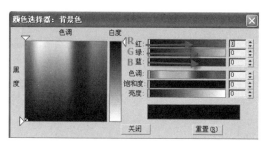

| H(色调) |
| S(饱和度) |
| V(亮度) |

图 3-37　颜色选择器

【排除】　允许指定对象不受灯光的照射影响,这里包括照明影响和投影的影响,通过对话框来选择控制。通过按钮可以将场景中的对象加入(或取回)到右侧排除框中,作为排除对象,它将不再受到指定灯光的照射影响,对于照明和投影阴影影响,可以分别予以排除。如图 3-38 所示,场景中只有一盏聚光灯和一盏泛光灯(不投影),1 为正常照明效果,2 为聚光灯只排除对右侧茶壶的投影,3 为聚光灯只排除对右侧茶壶的照明,4 为聚光灯既排除对右侧茶壶的照明又排除对它的投影。

【聚光区/光束】　调节灯光的锥形区,以角度为单位。标准聚光灯在聚光区内的强度保持不变。

【衰减区/区域】　调节灯光的衰减区域,以角度为单位。从聚光区到衰减区的角度范围内,光线由强向弱进行变化,此范围外的对象不受任何强光的影响。如图 3-39 所示,左侧为聚光区与衰减区角度相差较大的效果,这时可以产生柔和的过渡边界;右侧为相近时的效果,这时衰减过渡很小,产生尖锐生硬的光线边界。

【圆/矩形】　设置产生圆形灯还是矩形灯,默认设置是圆形,产生圆锥状灯柱。矩形产生长方形灯柱,常用于窗户投影灯或电影、幻灯机的投影灯。如果打开这种方式,下面的 Asp 值用来调节矩形的长宽比,位图拟合按钮用来指定一张图像,使用图像的长宽比作为灯光的长宽比,主要为了保证投影图像的比例正确。

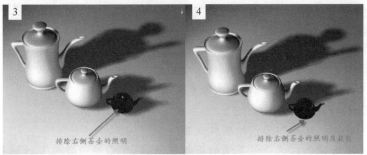

图 3-38　聚光灯排除效果

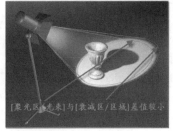

图 3-39　聚光区与衰减区调整效果

【投影贴图】　打开此项,可以通过其下的贴图按钮选择一张图像作为投影图。它可以使灯光投影出图片效果,如果使用动画文件,还可以投影出动画,像电影放映机一样。如果增加体积光效果,可以产生彩色的图像光柱,如图 3-40 所示。

图 3-40　投影贴图效果

【知识拓展】

(1) 使用强光的几个场合

- 模拟一个集中的光线照明,如灯泡。
- 模拟户外中午时分的场景。
- 模拟太空场景。
- 模拟舞台效果,如一盏聚光灯聚焦在歌剧演员身上。
- 模拟沙漠中的环境。因为沙漠中光线不会受到遮挡,再加上沙粒对光线的反射作用,会产生很强的光。
- 模拟小品效果。这种效果以前主要运用在摄影方面,是用强光产生的锐利阴影表现象征意义。

(2) 使用柔光的几个场合

- 营造温馨的画面和场景。比如热恋中的情人、合家团圆等。
- 营造东方式的怀旧氛围,用黄色柔光效果极佳。
- 模拟阴天的自然光。
- 模拟间接光。比如阳光透过树叶或窗帘。
- 人物肖像的刻画。这是好莱坞的惯用技法,像梦露等老牌明星的明星照就常常采用柔光摄影法。
- 模拟照片级真实度图像。采用超强光模拟真实世界是以前的流行做法,但是如今已经过时了。

【小技巧】

3D 各种灯光的基本适用场合

(1) 泛光灯

- 适合模拟太阳光。比如说要制作一个室内场景,如果要营造出一个阳光从窗外投射进来的景象就可以使用泛光灯。
- 模拟无遮挡的电灯泡,这是一个很好的方法。
- 模拟夜间野外飞舞的萤火虫,可以将亮度很低的泛光灯捆绑在物体上。

(2) 聚光灯

严格意义而言,使用一定数量的聚光灯可以模拟任何一种灯光效果,比如区域光、太阳光、舞台光等。但有一点要提醒大家,聚光灯在使用时最好组建灯光阵列(比如钻石形阵列、球形阵列等),这样就可以得到一个完美的灯光方案。

(3) 平行光

这种光在实际运用中极少用到,因为它的功能完全可以使用泛光灯和聚光灯来实现。一般用来模拟户外阳光。

3.2.4 三点光照布光实例

1. 主光

通常用它来照亮场景中的主要对象与其周围区域,并且担任给主体对象投影的功能。

主要的明暗关系由主体光决定,包括投影的方向。主体光的任务根据需要也可以用几盏灯光来共同完成。如主光灯在15°到30°的位置上,称为顺光;在45°到90°的位置上,称为侧光;在90°到120°的位置上称为侧逆光。主体光常用聚光灯来完成。在顶视图中通常主光的放置往往在摄像机布置完之后进行,距离多远及角度取决于表达主题。

(1)在前视图中,主光与对象成35°到45°的角度。这就是三点光照中关于主光位置的确定,如图3-41所示。

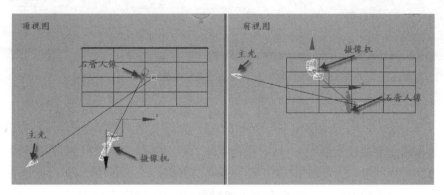

图 3-41 主光源、摄像机位置设置

(2)设置主光常规与阴影参数如图3-42所示。

【偏移】 调整阴影距离对象的尺寸,值越大阴影就越偏离对象。

【大小】 阴影的密度,值越大阴影将越深;反之,阴影就会越浅。值很大时,渲染速度将大大增加。

【采样范围】 取样范围,控制阴影边缘的模糊程度,值越大,效果就越明显。

2. 辅助灯

辅助灯又称为补光。用一个聚光灯照射扇形反射面,以形成一种均匀的、非直射性的柔和光源,用它来填充阴影区以及被主体光遗漏的

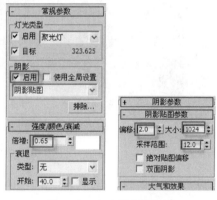

图 3-42 主光源参数设置

场景区域,调和明暗区域之间的反差,同时能形成景深与层次,而且这种广泛均匀布光的特性使它为场景打一层底色,定义了场景的基调。由于要达到柔和照明的效果,通常辅助光的亮度只有主体光的50%～80%。辅助灯的阴影投射要较柔和,可以为主光的照明提供更好的效果。

在顶视图设置辅助光与主光成90°的角度,在前视图,通常情况下,辅助光的高度与主光保持一致,参数设置如图3-43所示。

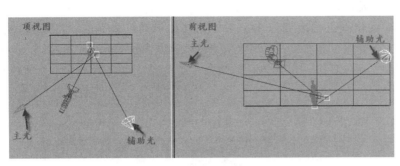

图 3-43　辅助光源的位置

3．背光

它的作用是增加背景的亮度，从而衬托主体，并使主体对象与背景相分离。主要是在对象的边缘产生光晕，生成明显的边界和背景区分开来。也可使用泛光灯，亮度宜暗不宜太亮。背光在顶视图中的位置一般在主光的对面，其位置如图 3-44 所示。

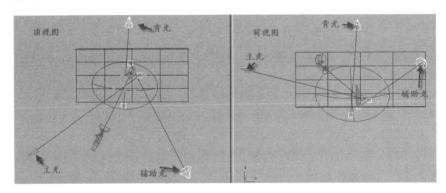

图 3-44　背光的位置设置

打开背光的阴影启用，将"倍增"值调到 0.3，设置"远距衰减"的"开始"值为 181 左右，"结束"值为 225 左右，如图 3-45 所示。

4．补光的布置

经过前面三步，即三点照明，场景已经有较好的光照效果了。为了模拟得更加真实自然，这里再布置两盏补光：一盏是背景光，另一盏是反射光。使用背景光的目的是，照亮主光没照射到的地板、墙面；使用反射光的目的是，模拟场景中产生的反射光。主光是场景中最亮的光源，在它的照射下，地板、墙面会反射一些光线到角色身上，这就是反射光。有时候，通过适当调整辅助光位置，也可以模拟反射光效果，这时就不必再布置专门的灯光模拟反射光了。这里布置了一盏独立的反射光，而没有利用辅助光，因为这样更便于控制效果。

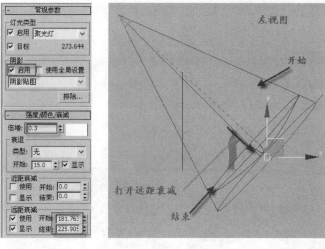

图 3-45　背光的参数设置

　　从顶视图看,反射光位于主光对面。至于背景光,它与主光的照射方向大致平行,背景光略微偏向左边。目的是照射主光没有照射到的区域。为了很好地实现这一目标,可以分别调整这两盏灯光的聚光区和衰减区大小,聚光区是聚光灯最亮的照射区域,衰减区是聚光灯由最亮到无光的渐变区域。至于图中的叠合区域,是背景光衰减区与主光衰减区重叠形成平滑照明的区域。图 3-46 所示为主光、辅助光、补光(背景光、反射光)的位置设置。

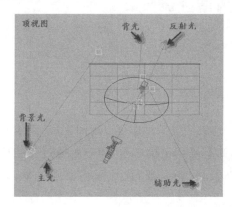
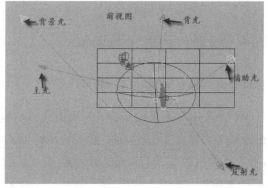

图 3-46　主光、辅助光、补光的位置设置

5. 最后调整

　　观察整体效果,对个别灯光亮度等进行调整,或者利用灯光的衰减、排除功能,对光照效果进行修整。这里就从背光中排除对地板的照射。另外,稍微提高环境光的亮度。最终效果如图 3-47 所示。

图 3-47 "三点布光"原理渲染效果

3.3　摄像机与环境控制

3.3.1　摄像机的创建与调整

1. 3ds Max 摄像机

3ds Max 中的摄像机拥有超现实摄像机的能力,更换镜头动作可以瞬间完成,无级变焦更是真实摄像机无法比拟的;对于景深的设置,直观地用范围表示,用不着通过光圈计算;对于摄像机的动画,除了位置变动外,还可以表现焦距、视角、景深等动画效果,如图 3-48 所示。

自由摄像机可以很好地跟随到运动物体上,随着运动物体在运动轨迹上一同运动,同时可以进行跟随、倾斜、旋转,如建筑动画漫游,摄像机带着观察者完成穿行的动画。摄像机视图和透视图的观察效果基本相同,只是在摄像机视图中给观察者一个固定的观察角,以确定最终渲染的角度。在摄像机视图右下角视图区的一些常规的操作按钮,可以轻松实现对摄像机的调节、模拟变焦、推拉等操作。

2. 摄像机常用术语

对于初接触三维动画的人来讲,摄像机是很陌生的,有必要首先了解一下摄像机的焦

图 3-48　摄像机

距和视角,如图 3-49 所示。

　　镜头与感光表面的距离称为镜头焦距。焦距会影响画面中包含对象的数量,焦距越短,画面中能够包含的场景画面范围越大;焦距越长,包含的场景画面就越少,但却能够清晰地表现远处场景的细节。国际上公认焦距是以 mm 为单位的,通常 50mm 镜头定为摄影的标准镜头,低于 50mm 镜头称为广角镜头,高于 50mm 的镜头称为长焦距。这里需要说明摄像机同照相机使用的是同样的术语。

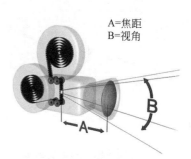

图 3-49　摄像机常用术语

　　视角用来控制场景可见范围的大小,单位为“地平角度”,这个参数直接与镜头的焦距有关,例如 50mm 镜头的视角范围为 230,镜头越长视角越窄。

　　短焦距(宽视角)会加剧透视的失真,而长焦距(窄视角)能够降低透视的失真。50mm 镜头最为接近人眼,所以产生的图像效果比较正常,多用于快照、新闻图片、电影制作等内容。

3. 目标摄像机和自由摄像机

　　目标摄像机多用于观察所指方向内的场景内容,轨道动画制作,如穿越建筑物的巡游,车辆移动的跟踪拍摄效果等。自由摄像机的方向能够随着路径的变化而自由地变化,可以无约束地移动和定向,如图 3-50 所示。

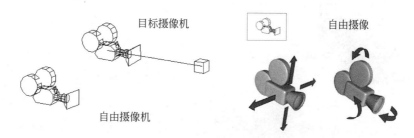

图 3-50　目标摄像机与自由摄像机

　　目标摄像机用于观察目标附近的场景内容,与自由摄像机相比,它更易于定位,只需要直接将目标点移动到需要的位置上就可以了。摄像机对象及其目标点均可以设置动画,如图 3-51 所示。

4. 摄像机中的重要参数

【镜头】 "参数"卷展栏中的第一个参数可以设置镜头值,或者简单地说,可以设置以 mm 为单位的摄像机的焦距。48mm 为标准人眼的焦距,短焦造成鱼眼镜头的夸张效果,长焦距用来观测较远处的景象,保证观察的对象不产生变形,如图 3-52 所示。

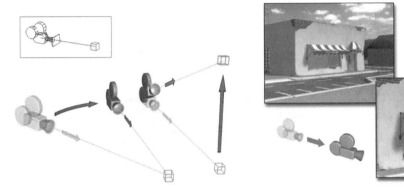

图 3-51　目标摄像机　　　　　　　　　　　　图 3-52　镜头

【视野】 设置摄像机的视角,依据选择的视角方向调节该方向上的弧度大小,如图 3-53 所示。

【↔】 这是一个下拉按钮,用来控制 FOV 角度值的显示方式,包括水平、垂直、对角三种方式。可以设置摄像机显示的区域的宽度,该值以度为单位指定,使用它左边的弹出按钮可将其设置成代表"水平"、"垂直"或"对角"距离。

【备用镜头】 专业摄影家和电影拍摄人员在他们的工作过程中使用标准的备用镜头,单击"备用镜头"按钮可以在 3ds Max 中使用这些备用镜头,预设的备用镜头包括 15mm、20mm、24mm、28mm、35mm、50mm、85mm、135mm 和 200mm 长度,提供了 9 种常用的镜头可供快速选择,如图 3-54 所示。

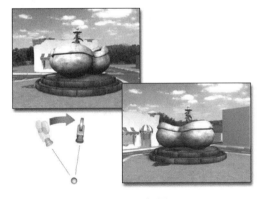

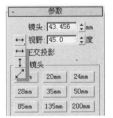

图 3-53　视野　　　　　　　　　　　　　　　　图 3-54　备用镜头

【显示地平线】 "显示地平线"设置是否在摄像机视图中显示地平线,以深灰色显示的地平线如图 3-55 所示。

图 3-55 显示地平线

【注意提示】

镜头和视野是一组相互关联的参数,镜头数值越大视野参数就会越小,反之镜头数值越小视野参数就会越大。

"环境范围"设置环境大气的影响范围,通过下面的"近距范围"和"远距范围"确定,如图 3-56 所示,近处的树木几乎不受到雾气效果的影响,而远处的树和房屋受雾气效果的影响则很明显。

图 3-56 环境范围

"剪切平面"是平行于摄像机镜头的平面,以红色带交叉的矩形表示。剪切平面可以排除场景中一些几何体的视图显示或控制渲染场景的某些部分,摄像机近距离剪切效果如图 3-57 所示。

"多过程效果"用于摄像机指定景深或运动模糊效果。它的模糊效果是通过对同一帧图像的多次渲染计算并重叠结果产生的,因此会增加渲染时间。景深和运动模糊效果是相互排斥的,由于它们都依赖于多渲染途径,所以不能对一个摄像机对象同时指定两种效果,如图 3-58 所示,当场景同时需要两种效果时,应当为摄像机设置多过程景深,再将它们与对象运动模糊相结合。

【景深】 摄像机可以产生景深的过程效果,通过在摄像机与其焦点的距离上产生模糊来模拟摄像机景深效果,景深效果可以显示在视图中,如图 3-59 所示,摄像机的焦点位于图中收款机上,近处的和远处的物体有不同程度的模糊。

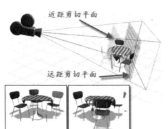
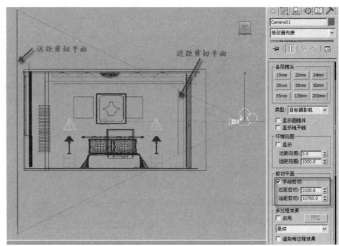

图 3-57　剪切平面

图 3-58　多过程效果

图 3-59　景深

3.3.2　环境雾、火焰效果

1. 环境雾效果

使用 3ds Max 提供的环境雾效果可以使场景产生雾、层雾、烟雾、云雾、蒸汽等大气效果，从而使场景显得更为真实，纵深感更强。在 3ds Max 中有 3 种雾效果，分别为"标准"雾、"分层"雾和"体积"雾。"标准"雾通常与摄像机配合使用，在设置好的视阈范围内，"标准"雾距离摄像机越近的地方雾就越稀薄，而距离摄像机越远的地方雾就越深重，如图 3-60 所示。

图 3-60　环境雾效果

💡【注意提示】

只有摄像机视图或透视图中才会渲染出雾效果,正交视图或用户视图不会渲染出雾效果。

使用摄像机与"标准"雾配合时,需要为摄像机限定一个视阈范围,只有摄像机设置的范围内的对象才会产生雾效果。下面是设置摄像机视阈范围的具体步骤。

(1)选择 Camera(摄像机)对象,进入"修改"面板。

(2)勾选"环境范围"选项组中的"显示"复选框,启用"环境范围"设置,如图 3-61 所示。

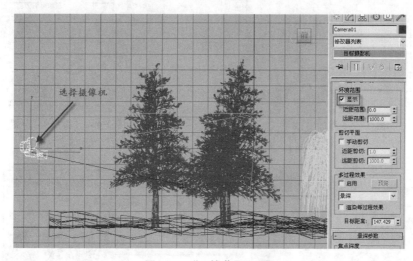

图 3-61 "环境范围"设置

(3)分别设置"近距范围"和"远距范围"参数,使"标准"雾产生在这两个参数之间。"分层"雾不像"标准"雾充满整个视图,而是在由上到下的一定范围内变薄或变厚,视图中不在这个范围内的对象将不会受到雾影响。

💡【注意提示】

因为"体积"雾和体积光都需要借助其他的对象才能实现"体积"雾和体积光效果,所以关于"体积"雾部分的内容将放在后面进行讲述。

(4)在"环境"选项卡的"大气"卷展栏中单击"添加"按钮,在打开的"添加大气效果"对话框中选择"雾"选项,然后单击"确定"按钮退出该对话框,即可添加雾效果,如图 3-62 所示。

添加了雾效果后,就会出现"雾参数"卷展栏,如图 3-63 所示。在该卷展栏中可以对雾的类型、颜色以及密度等参数进行设置。

2. 环境雾类型

选择雾的类型,分为"标准"雾和"分层"雾两种,选择其中一个,将打开其下相应的设置选项,如图 3-64 所示。

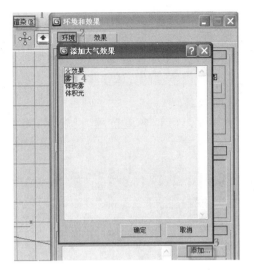

图 3-62　添加雾效果　　　　　　　　　　　图 3-63　"雾参数"设置

图 3-64　"标准"雾、"分层"雾对比

3. 火焰效果

使用 3ds Max 中的"火"效果可以创建各种火焰、烟雾和爆炸的动画效果,最常用的是创建篝火、火炬、火球、烟云和星云等效果,如图 3-65 所示。

图 3-65　火焰效果

　　"火"效果的添加方法相似于雾的添加,当添加了
"火"效果后,"环境和效果"窗口中将会出现"火效果
参数"卷展栏,如图3-66所示。同体积光相似,火焰效
果同样是基于大气装置用于渲染的。

　　Gizmo主要是用于添加和移除大气装置对象,这
与体积雾相似。

　　"颜色"选项组可以为火焰效果设置三个颜色属
性,分别为内部颜色、外部颜色以及烟雾颜色。

　　"图形"选项组的参数主要是对火焰的形状进行
设置。"火焰类型"选项右侧的"火舌"和"火球"单选
按钮分别控制火焰的不同形状。当选中"火舌"单选
按钮,创建的火焰效果类似于篝火的火焰,沿着中心
使用纹理创建带方向的火焰;选中"火球"单选按钮,
火焰的形状为圆形的爆炸效果。图3-67所示为两种
不同效果的火焰。

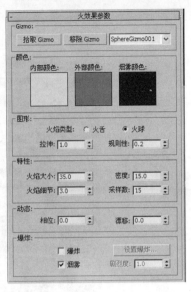

图3-66　"火效果参数"卷展栏

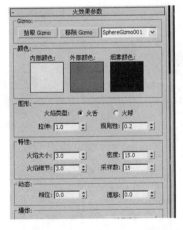
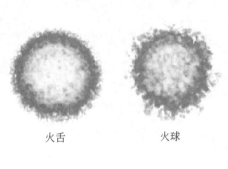

火舌　　　　　　火球

图3-67　两种火效果形态

4. 火焰案例

【案例分析】

通过一只安装在墙壁上的火把案例,模拟火焰燃烧效果,如图3-68所示。

【制作过程】

(1)执行"新建"→"图形"→"线"命令,在前视图中绘制火炬的轮廓线,如图3-69
所示。

(2)选定该轮廓线在"修改器列表"面板中执行"车削"命令,如图3-70所示。

图 3-68　火焰效果

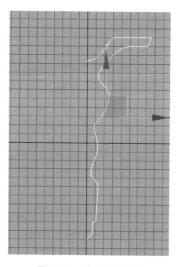

图 3-69　火炬轮廓线

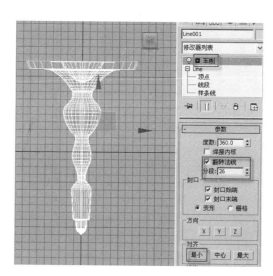

图 3-70　添加"车削"修改

（3）执行"新建"→"几何体"→"长方体"命令创建墙壁，作为火炬的背景，同理利用"长方体"及"圆柱体"命令创建火炬支架，如图 3-71 所示。

（4）执行"创建"→"辅助对象"→"大气装置"→"球体 Gizmo"命令，在火炬上方创建一个大气装置，勾选"球体 Gizmo 参数"卷展栏中的"半球"复选框，使用缩放工具沿 Z 轴缩放后效果如图 3-72 所示。

（5）单击"修改器列表"面板的"大气和效果"卷展栏中的"添加"按钮，在弹出的"添加

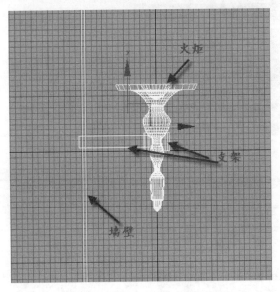

图 3-71 创建火炬支架及背景

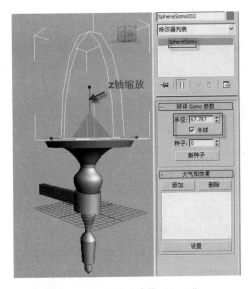

图 3-72 添加"球体 Gizmo"

图 3-73 墙壁贴图

大气效果"对话框中选择"火效果"选项。

(6)赋予墙壁材质球"漫反射"及"凹凸"贴图通道,如图 3-73 所示进行贴图。

(7)设定火炬及支架材质,如图 3-74 所示。

(8)在场景中创建一盏主光源作为聚光灯,辅助光为泛光灯及天光,适当调整灯光参数,再创建一架摄像机并调整好摄像机视图窗口的位置,如图 3-75 所示。

(9)最后渲染完成的效果如图 3-68 所示。

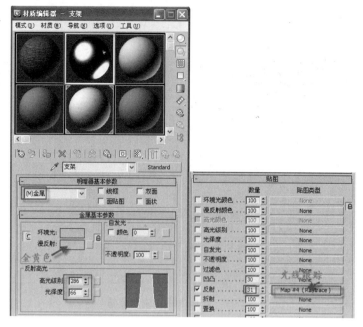

图 3-74　火炬及支架材质设定

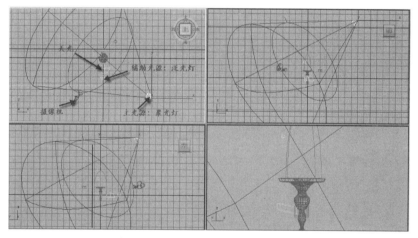

图 3-75　添加灯光

3.4　材质灯光综合案例应用

3.4.1　陶瓷茶壶效果表现

【案例分析】

本案例学习调整陶瓷茶壶、陶瓷茶杯材质的方法,通过灯光、反光板的使用达到较好的陶瓷特征,通过使用 3ds Max 内置的 mental ray 进行渲染以达到较好的陶瓷表现。陶瓷茶壶最终效果如图 3-76 所示。

【制作步骤】

打开本书案例文件夹中的第 3 章场景文件茶壶文件夹下"茶壶-初始.max"文件,场景中已经创建了配套模型和摄像机,并调节好了摄像机渲染角度。

图 3-76　陶瓷茶壶效果表现

1. 创建主光源

由于本案例采用 mental ray 进行渲染,所以场景中光源采用 mental ray 的区域聚光灯,进入"灯光"创建面板,在下拉列表中选择"标准"类型的灯光,单击"mr 区域聚光灯"按钮,在场景中创建一盏灯光并调节它的位置,进入灯光"修改器列表"面板,勾选"阴影"选项组中的"启用"复选框,在阴影类型中选择"光线跟踪阴影"选项,展开"强度/颜色/衰减"卷展栏,将控制灯光强度的"倍增"值改为 0.4,并在"聚光灯参数"卷展栏中将"聚光区/光束"值改为 77.3,"衰减区/区域"值改为 179.5,如图 3-77 所示。

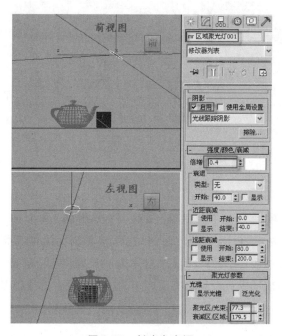

图 3-77　创建主光源

【小技巧】

mr 区域聚光灯可以创建出非常柔和的软阴影效果,但由于渲染软阴影需要大量的计算时间,为了提高效率,在材质的制作过程中暂时不要设置软阴影参数,待材质制作完毕后再进行软阴影的设置。

2. 创建天光

mental ray 渲染器完全支持 3ds Max 的天光系统,配合其特有的"最终聚集"计算方法,能够得到非常好的均匀照明效果。在"标准"灯光创建面板中单击"天光"按钮,并将"天光参数"卷展栏中的"倍增"值调为 0.3。在顶视图中的任意位置单击创建一盏天光,天光的位置不重要,只要便于选择即可,天光可以均匀地照亮场景中的每个角落,如图 3-78 所示。

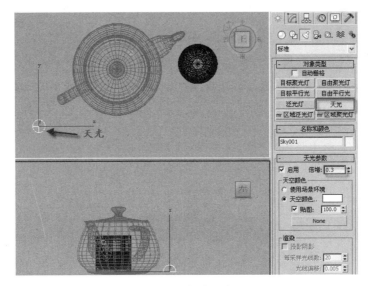

图 3-78　创建天光

3. 指定 mental ray 渲染器

单击主工具栏中的 按钮,在"公用"选项卡中展开"指定渲染器"卷展栏,单击"产品级"选项后面的 ...(浏览)按钮,在弹出的"选择渲染器"对话框中选择"mental ray 渲染器"选项,单击"确定"按钮,这样就将当前渲染器指定为"mental ray 渲染器"了。打开"间接照明"选项卡,确保"启用最终聚集"复选框处于勾选状态,单击"渲染"按钮,即可渲染当前场景。此时在灯光的作用下,场景中的物体基本上都显示出来了,如图 3-79 所示。

4. 陶瓷材质指定

场景中的茶壶和茶杯均采用的是陶瓷材质,陶瓷材质的特点是表面光滑,具有反射属性,并且高光非常强烈。本例讲述最为简单的陶瓷调节方法。

打开"材质编辑器"窗口,在材质编辑器中选择第一个材质球,将它赋予场景中的茶壶和茶杯物体,其材质球命名为"瓷器"。首先将"漫反射"颜色调节为淡黄色,参考 RGB 值为(255,253,240),然后将"高光级别"值调节为 240,将"光泽度"值改为 83,使其出现较高的高光强度和较窄的高光面积,最后展开"贴图"卷展栏,在"反射"通道内贴上"光线跟踪"贴图,并将控制强度的"数量"值改为15,使其具备微弱的反射效果。渲染场景后可以观察到茶壶和茶杯上的反射和高光现象已经呈现出来了,如图3-80和图3-81所示。

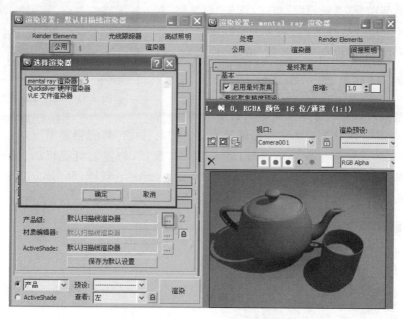

图 3-79　指定"mental ray 渲染器"

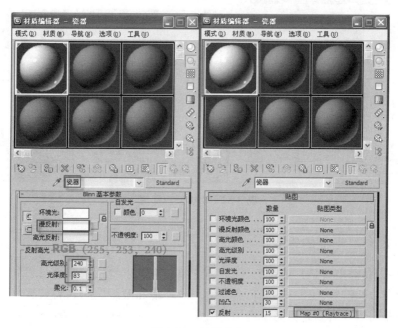

图 3-80　材质设定

5. 水材质的指定

打开材质编辑器，选择一个材质球，命名为"茶水"，材质类型选择"光线跟踪"材质，调整"漫反射"颜色为 RGB(117,174,143)，因为水的"折射率"是 1.33，将"透明度"的颜色点开，"亮度"值改为 160。

图 3-81　高光及反射效果

6. 添加辅助灯光

通过渲染可以看出虽然水是透明折射的物质，但是非常暗，这里在水的位置添加一盏辅助光源。进入"标准"灯光创建面板，单击"泛光灯"按钮，在茶水的位置创建一盏泛光灯；进入"修改"面板，将控制灯亮度的"倍增"值调到 0.3，将灯的颜色同水的漫反射颜色，然后展开"高级效果"卷展栏，取消勾选"高光反射"复选框。再次渲染摄像机视图，可以看到水清亮了，如图 3-82 所示。

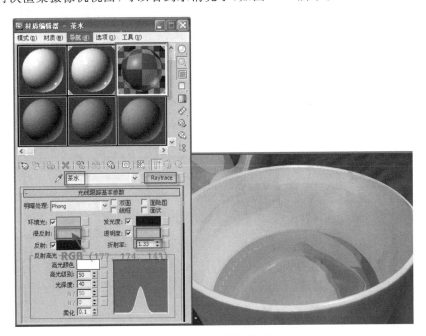

图 3-82　水材质的指定

7. 背景和反光板的设置

场景中默认渲染背景是黑色的，因为场景中具有反射特性的表面反射的空白区域比较暗，因此可以执行"渲染"→"环境"命令，打开"环境和效果"窗口，将背景颜色更换为白色，再次渲染可以观察到画面亮度增加了。

对于存在反射的材质场景，反光板的架设是非常重要的，反光板可以丰富反光物体表面的反光细节，增强表现力，在"最终聚集"的作用下还能影响场景的亮度。反光板是由长方体组成的，首先创建一个长方体，然后用移动复制的方法进行复制，复制时要选用实例复制的方式，为了移动方便可以把它"成组"。选择一个空白材质球，命名为"反光板"，将"漫反射"的颜色改为纯白，然后将"自发光"值调到100，如果亮度不够还可以在"漫反射颜色"通道中添加一个输出贴图，并提高"输出"卷展栏中的"RGB偏移"值，这里将"RGB偏移"值设置为1，如图3-83和图3-84所示。

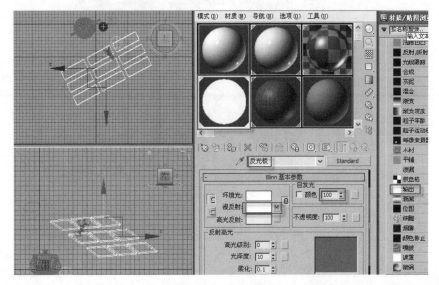

图 3-83　反光板材质

图 3-84　反光板的效果

8. 输出设置

选择场景中的主光源，也就是mr区域聚光灯。进入"修改"面板，展开"区域灯光参数"卷展栏，将"矩形"灯光的"高度"值和"宽度"值都调整为100，如图3-85所示。然后单击"渲染"按钮进行测试。

在主工具栏中单击 (渲染设置)按钮，打开渲染设置窗口。在"公用"选项卡中提高输出尺寸；打开"渲染器"选项卡，提高图像的采样数。最后将"间接照明"选项卡中的"最终聚集"预设值级别提高，这样就可以输出成品，如图3-86所示。

图 3-85　主光源参数调整

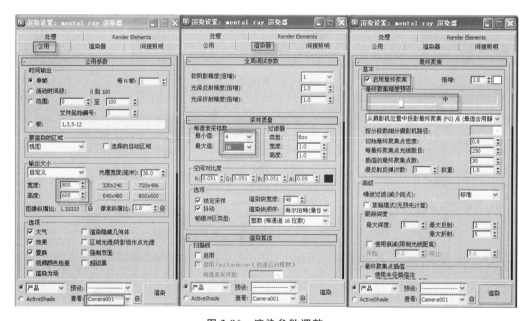

图 3-86　渲染参数调整

3.4.2　iMAC 苹果电脑(硬质塑料)材质效果的表现

【案例分析】

　　本案例通过对苹果 iMAC 电脑的真实照片分析,来确定不同部分材质特性,通过不同材质"明暗器基本参数"设定,灯光布光方法及灯光参数的调整,学习硬质塑料的表现方法,模拟 iMAC 苹果电脑整体材质效果,如图 3-87 和图 3-88 所示。

图 3-87　iMAC 苹果电脑照片　　　　图 3-88　iMAC 苹果电脑效果图

【制作步骤】

打开本书案例文件夹中的第 3 章场景文件，场景中已经创建了配套模型。

1. 摄像机创建

调整好透视图，打开安全框，在顶视图中创建一盏目标摄像机，确认在摄像机选定的情况下，右击选择透视图，再执行"视图"→"从视图创建摄像机"命令，将透视图切换成摄像机视图，完成摄像机视图的创建，如图 3-89 所示。

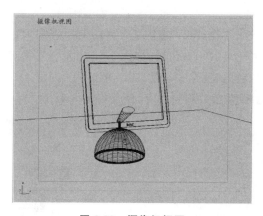

图 3-89　摄像机视图

2. 创建主光源

进入"灯光"创建面板，在类型下拉列表中选择"标准"灯光，单击"目标聚光灯"按钮，在场景中拖动鼠标，创建一盏标准的目标聚光灯，并在各个视图中调节它的位置，如图 3-90 所示。

进入灯光"修改"面板，在灯光的参数中启用阴影效果，并且在阴影类型的下拉列表中保持"阴影贴图"不变。展开"强度/颜色/衰减"卷展栏，将控制灯光的"倍增"值保持为 1，并在"聚光灯参数"卷展栏中增大聚光区和衰减区的值，设置"聚光区/光束"值为 34 左右，"衰减区/区域"值为 101 左右，使灯光的明暗区域变得更加柔和，没有明显的分界线，如图 3-90 所示。

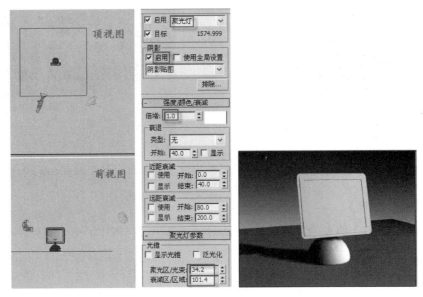

图 3-90　主光源渲染效果

3. 辅助光源

选择场景中的主光源,按住 Shift 键并配合移动工具复制出一盏相同的灯光,并且调节它的位置,使其位于主光源的相对位置,如图 3-91 所示。进入灯光的"修改"面板,取消勾选"阴影"选项组中的"启用"复选框,将"倍增"值改为 0.4。

同理复制出辅助光源 2,参数调整同上,位置如图 3-92 所示。

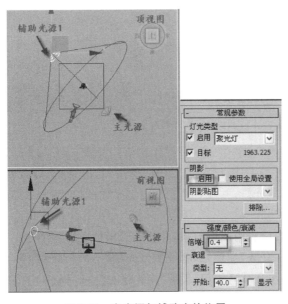

图 3-91　主光源与辅助光的位置

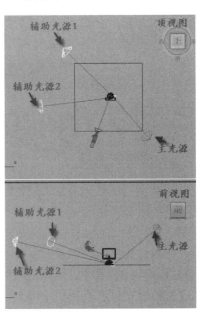

图 3-92　复制辅助光源

4. 制作材质

按 M 键打开材质编辑器,依次选择不同的材质球分别命名为"台面"、"底座"、"外框"、"内框"及"屏幕",如图 3-93 所示。

(1) 选择命名为"台面"的材质球,在"明暗器基本参数"卷展栏中,选择 Blinn 选项,调整"漫反射"颜色为 RGB(203,233,213),调整"高光级别"值为 23,"光泽度"值为 7,如图 3-94 所示。

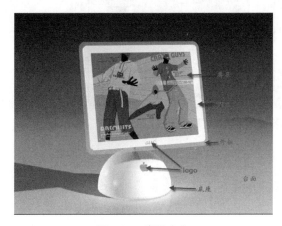

图 3-93　材质命名

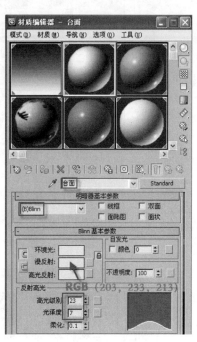

图 3-94　"台面"材质

(2) 选择命名为"底座"的材质球,在"明暗器基本参数"卷展栏中,选择"多层"选项,调整"漫反射"颜色为纯白色,"自发光"值为 20;调整"第一高光反射层"选项组中的"级别"值为 87,"光泽度"值为 86;调整"第二高光反射层"选项组中的"级别"值为 29,"光泽度"值为 0;调整好后将材质赋予底座物体,如图 3-95 所示。

(3) 选择命名为"外框"的材质球,除"不透明度"值改为 35,其他数值同上。

(4) 选择命名为"内框"的材质球,参数设置同"底座"。

(5) 选择命名为"屏幕"的材质球,在"明暗器基本参数"卷展栏中,选择 Phong 选项;在"反射高光"选项组中调整"高光级别"值为 87,"光泽度"值为 86;展开"贴图"卷展栏,在"漫反射颜色"的"贴图类型"按钮增加位图"第 3 章\iMAC\时尚 2.jpg"图片,如图 3-96 所示。

5. 渲染输出

至此该场景的模型、灯光、材质都制作完成了。单击主工具栏中的 ▓(渲染设置)按钮,打开渲染设置窗口,在"公用"选项卡中提高画面的渲染尺寸,然后打开"光线跟踪

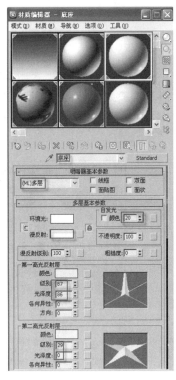
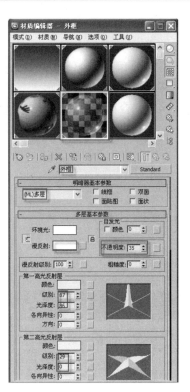

图 3-95 "底座"、"外框"的材质设置

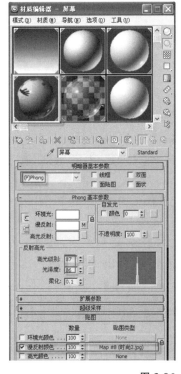
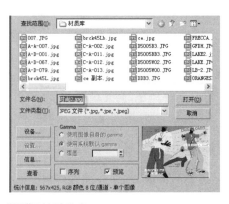

图 3-96 "屏幕"材质设定

器"选项卡,勾选"全局光线抗锯齿器"选项组中的"启用"复选框,这样单击"渲染"按钮,就能输出高质量的画面效果了,如图 3-97 所示。

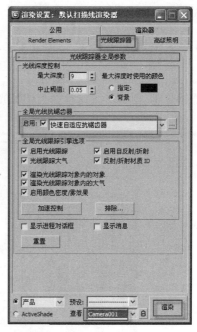

图 3-97 渲染输出设置

3.4.3 静物(玻璃、金属、布艺)材质效果的表现

【案例分析】

本案例为一组静物,包括金质器皿、银质器皿、鸡蛋、玻璃器皿、苹果、纸盘、苹果、衬布等内容,重点讲述玻璃、金属、蛋壳、布艺材质的设置方法。静物材质最终效果如图 3-98 所示。

图 3-98 静物效果图

101

【制作步骤】

打开"第 3 章\静物\静物-初始.max"场景文件,场景中已经创建了配套模型,同时建立了摄像机。

1. 创建主光源

进入"灯光"创建面板,在类型下拉列表中选择"标准"灯光,单击"目标聚光灯"按钮,在场景中拖动鼠标,创建一盏标准的目标聚光灯,并在各个视图中调节它的位置,如图 3-99 所示。

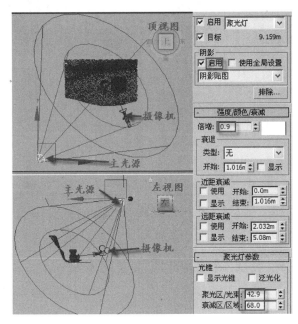

图 3-99　主光源创建

进入灯光"修改"面板,在灯光的参数中启用阴影效果,并且在阴影类型的下拉列表中保持"阴影贴图"不变。展开"强度/颜色/衰减"卷展栏,将控制灯光的"倍增"值保持为 0.9,并在"聚光灯参数"卷展栏中增大聚光区和衰减区的值,设置"聚光区/光束"值为 42 左右,"衰减区/区域"值为 68 左右,使灯光的明暗区域变得更加柔和,没有明显的分界线,如图 3-99 所示。

2. 背光源

选择场景中的主光源,按住 Shift 键并配合移动工具复制出一盏相同的灯光,并且调节它的位置,使其位于主光源的相对位置。进入灯光的"修改"面板,取消勾选"阴影"选项组中的"启用"复选框,将"倍增"值改为 0.3,如图 3-100 所示。

3. 辅助光源

选择场景中的主光源,按住 Shift 键并配合移动工具复制出两盏相同的灯光,并且调节它们的位置,使它们位于主光源照射不到的位置,如图 3-101 所示。进入灯光的"修改"面板,取消勾选阴影参数中的"启用"复选框,将"倍增"值改为 0.3。

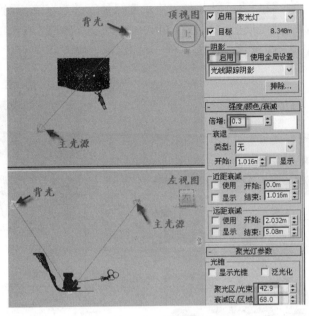

图 3-100 背光源

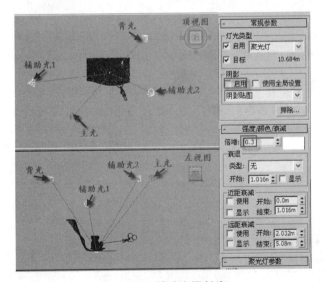

图 3-101 辅助光源创建

4. 制作材质

按 M 键打开材质编辑器,依次选择不同的材质球分别命名为"金属"、"玻璃"、"蛋壳"、"红苹果"、"绿苹果"、"纸盘"及"背景布",并将材质球分配给对应的模型,如图 3-102 所示。

1）金属材质调整

（1）选择命名为"金属-金色"的材质球，在"明暗器基本参数"卷展栏中，选择"金属"选项，不要锁定"环境光"和"漫反射"颜色，使 按钮处于弹起状态，调整"环境光"颜色为 RGB(225,221,0)，调整"漫反射"颜色为 RGB(198,121,0)，调整"高光级别"值为100，"光泽度"值为80，如图3-103所示。

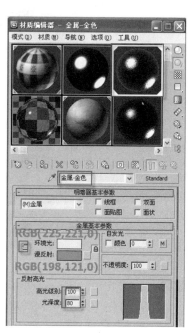

图 3-102 材质名称分配

图 3-103 金属材质金色调整

（2）展开"贴图"卷展栏，勾选"自发光"复选框，调整"数量"值为80，单击右侧的长按钮打开"材质/贴图浏览器"对话框，选择"衰减"选项，展开"混合曲线"卷展栏，选择右上方的节点右击，在打开的快捷菜单中选择"Bezier-角点"选项，调整贝兹杠杆，如图3-104所示。

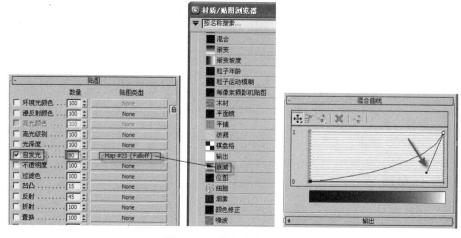

图 3-104 自发光参数调整

（3）展开"贴图"卷展栏，勾选"凹凸"复选框，调整"数量"值为15，单击右侧的长按钮打开"材质/贴图浏览器"对话框，选择"噪波"选项，展开"噪波参数"卷展栏，调整"大小"值为3，如图3-105所示。

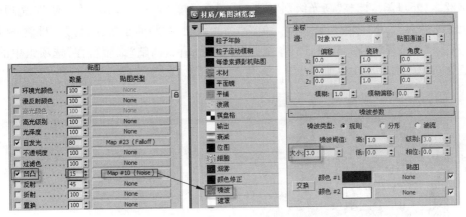

图3-105 凹凸参数调整

（4）展开"贴图"卷展栏，勾选"反射"复选框，调整"数量"值为45，单击右侧的长按钮打开"材质/贴图浏览器"对话框，选择"光线跟踪"选项，如图3-106所示。

（5）将命名为"金属-银色"的材质球拖曳复制到另一个材质球中，重新命名为"金属-银色"，调整"环境光"颜色为RGB(255,255,0)，调整"漫反射"颜色为RGB(0,0,64)，其他参数同"金属-金色"材质球，如图3-107所示。

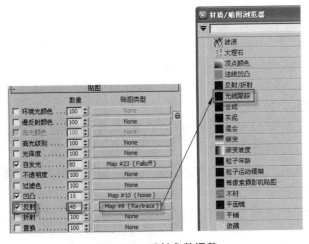

图3-106 反射参数调整

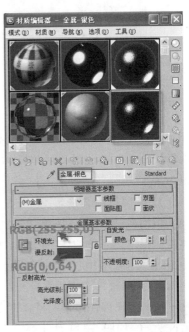

图3-107 金属材质银色调整

2）蛋壳材质调整

（1）选择命名为"蛋壳"的材质球，在"明暗器基本参数"卷展栏中，选择"半透明明暗器"选项，锁定"环境光"和"漫反射"颜色，使 C 按钮处于按下状态，调整"漫反射"颜色为RGB（222,195,173），调整"高光级别"值为 40，"光泽度"值为 25，调整"半透明"选项组中的"半透明颜色"为 RGB（29,19,10）。单击"高光级别"右侧的小按钮，打开"材质/贴图浏览器"对话框，选择"细胞"选项，展开"细胞参数"卷展栏，调整"细胞特性"选项组中的"大小"值为 0.005，如图 3-108 所示。

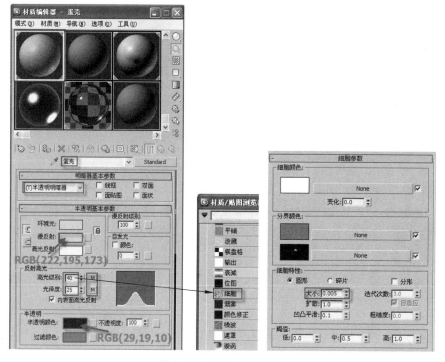

图 3-108　蛋壳材质调整

（2）展开"贴图"卷展栏，将"高光级别"中调整好的"细胞"贴图分别实例复制到"光泽度"及"凹凸"的"贴图类型"按钮中，调整"光泽度"的"数量"值为 25，"高光级别"的"数量"值为 10，"凹凸"的"数量"值为 30，如图 3-109 所示。

3）玻璃材质调整

（1）选择命名为"玻璃"的材质球，在"明暗器基本参数"卷展栏中，选择 Phong 选项，单击"材质类型"按钮，在弹出的"材质/贴图浏览器"对话框中选择"光线跟踪"材质类型，单击"漫反射"旁边的颜色按钮将颜色调整为纯黑，单击"透明度"旁边的颜色按钮将颜色调整为纯白，调整"折射率"值为 1.6，"高光级别"值为 250，"光泽度"值为 80，如图 3-110 所示。

（2）展开"贴图"卷展栏，将"反射"的"贴图类型"选择为"衰减"，并将"反射"的"数量"值改为 60，如图 3-111 所示。

4）苹果材质

（1）选择命名为"红苹果"的材质球，在"明暗器基本参数"卷展栏中，选择 Phong 选项,调整"高光级别"值为 30,"光泽度"值为 20,如图 3-112 所示。"绿苹果"材质设置同"红苹果"的材质设置。

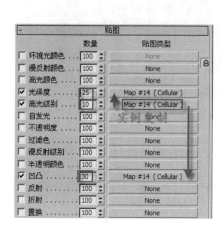

图 3-109 复制贴图

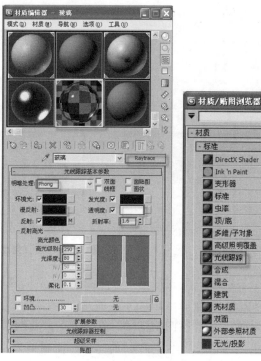

图 3-110 玻璃材质调整

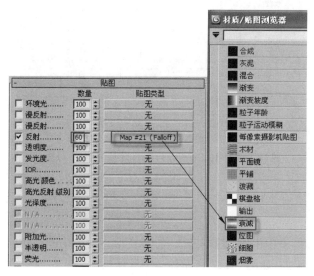

图 3-111 衰减反射贴图设置

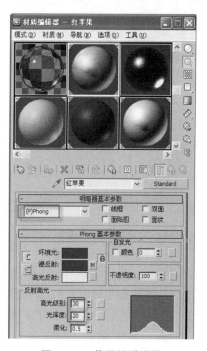

图 3-112 苹果材质设置

（2）展开"贴图"卷展栏，单击"漫反射颜色"右侧的长按钮，打开"材质/贴图浏览器"对话框，选择"位图"选项，选择本书案例文件夹中的"第3章\静物\苹果表面1.jpg"图片，如图3-113所示。

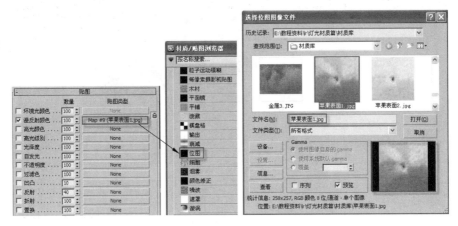

图3-113　漫反射颜色贴图设置

（3）将"漫反射颜色"的"贴图类型"实例复制到"凹凸"右侧的长按钮上，将"凹凸"的"数量"值改为10，如图3-114所示。

（4）展开"贴图"卷展栏，单击"反射"右侧的长按钮，打开"材质/贴图浏览器"对话框，选择"衰减"选项，将"反射"的"数量"值调整为40，如图3-115所示。

图3-114　凹凸贴图设置

图3-115　反射贴图设置

（5）在"衰减参数"卷展栏中单击白色色块右侧的长按钮，打开"材质/贴图浏览器"对话框，选择"光线跟踪"选项，在"混合曲线"卷展栏中选择右侧的节点右击打开快捷菜单，选择"Bezier-角点"选项，调节控制杆，如图3-116所示。

5）背景布艺材质

（1）选择命名为"背景布"的材质球，在"明暗器基本参数"卷展栏中，选择Blinn选项，调整"高光级别"值为19，"光泽度"值为10，如图3-117所示。

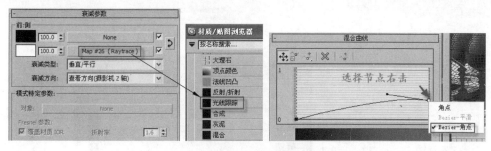

图 3-116 "衰减参数"设置

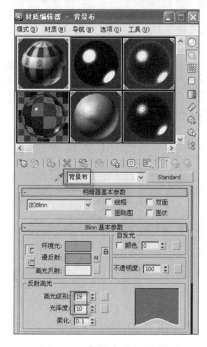

图 3-117 背景布艺材质设置

（2）展开"贴图"卷展栏，单击"漫反射颜色"右侧的长按钮，打开"材质/贴图浏览器"对话框，选择"位图"选项，打开本书案例文件夹中的"第 3 章\静物\BW-029.jpg"图片，如图 3-118 所示。

5. 渲染

选择菜单"渲染"下"渲染设置"选项，打开渲染设置面板，选择"公用"选项卡下单击"指定渲染器"，在"产品级"下拉列表中选择"默认扫描渲染器"，在"输出大小"下拉列表中选择"35mm 1.66:1（电影）"，"宽度"值为 4096，"高度"值为 2458。单击打开"渲染器"选项卡，在"全局超级采样"选项区域中勾选"启用全局超级采样器"选项，选择"Max2.5星"，选择摄像机视图进行渲染，如图 3-119 所示。

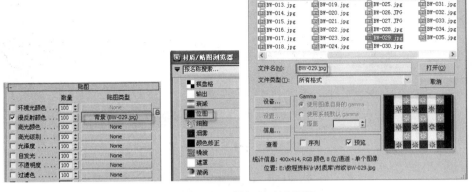

图 3-118　漫反射颜色贴图设置

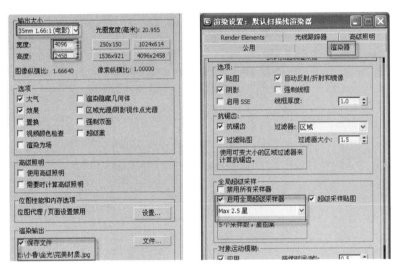

图 3-119　渲染输出设置

3.4.4　房屋外景效果表现

【案例分析】

本案例通过室外小屋的材质设定,学习多维子材质及贴图的使用及设定。房屋外景的表现效果如图 3-120 所示。

【制作步骤】

打开本书案例文件夹中的"第 3 章\室外小屋\房屋-初始. max"场景文件,场景中已经创建了配套模型。

1. 摄像机创建

调整好透视图,打开安全框,在顶视图中创建一架目标摄像机,确认在摄像机选定的情况下,右击选择透视图,再执行"视图"→"从视图创建摄像机"命令,将透视图切换成摄像机视图,完成摄像机视图的创建,如图 3-121 所示。

图 3-120 房屋外景效果表现

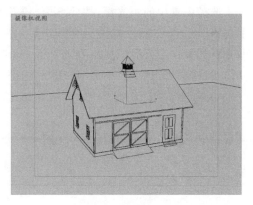

图 3-121 摄像机视图

2. 创建主光源

进入"灯光"创建面板,选择"标准"灯光中的"mr 区域聚光灯",进入灯光"修改"面板,在灯光的参数中启用阴影效果,并且在阴影类型的下拉列表中保持"光线跟踪阴影"不变。展开"强度/颜色/衰减"卷展栏,将控制灯光的"倍增"值保持为 0.9,并在"聚光灯参数"卷展栏中增大聚光区和衰减区的值,设置"聚光区/光束"值为 43 左右,"衰减区/区域"值为 108 左右,使灯光的明暗区域变得更加柔和,没有明显的分界线,如图 3-122 所示。

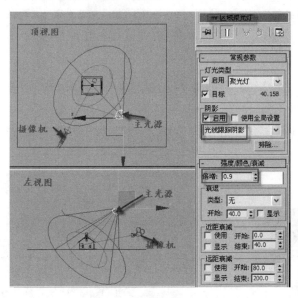

图 3-122 主光源位置

渲染摄像机视图后效果如图 3-123 所示。

3. 创建辅助光源及背光源

选择场景中的主光源,按住 Shift 键并配合移动工具复制出两盏相同的灯光,它们分别是辅助光源和背光源,并且分别调节它们的位置,使背光源位于主光源的相对位置,辅助光源放置在主光源照射不到的位置。分别进入辅助光源及背光源的灯光"修改"面板,取消勾选"阴影"选项组中的"启用"复选框,将"倍增"值改为 0.3,如图 3-124 所示。

图 3-123　主光源布光后渲染效果

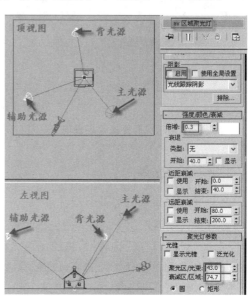

图 3-124　辅助光源及背光源

渲染摄像机视图后效果如图 3-125 所示。

4. 制作材质

(1) 按 M 键打开"材质编辑器"窗口,依次选择不同的材质球分别命名为"屋顶"、"屋体"、"淡黄"、"绿色玻璃"、"通风台"、"尖屋顶"、"黑色条"、"地面",并将命名的材质球分配给对应的模型,如图 3-126 所示。

图 3-125　添加辅助光及背光后渲染效果

图 3-126　材质名称分配

　　(2) 选中屋顶模型将它独立出来(按快捷键 Alt＋Q),在"修改"面板的"可编辑网格"选项的多边形子级别下,选择屋顶的两个大面,在"曲面属性"卷展栏中设置材质的"设置 ID"值为 1,"选择 ID"值为 1,完成顶面的材质 ID 设置。同理选择两侧面并调整"设置 ID"及"选择 ID"值为 2,选择内侧面并调整"设置 ID"及"选择 ID"值为 3,这样就完成了屋顶的多维子材质的 ID 设置,如图 3-127 所示。

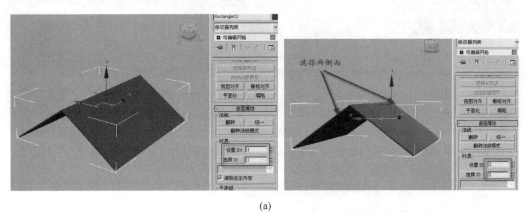

(a)

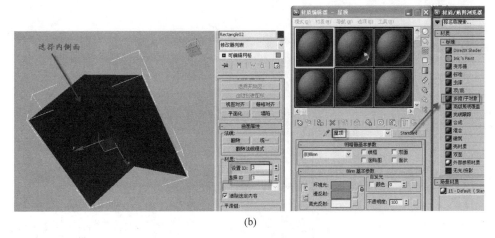

(b)

图 3-127　材质 ID 的分配

　　(3) 选定材质球为"屋顶"的多维子材质中 ID 号为 1 的材质,单击它右侧的长按钮,在"贴图"卷展栏中单击"漫反射颜色"右侧的"贴图类型"按钮,在打开的"材质/贴图浏览器"对话框中选择"位图"选项,打开本书案例文件夹中的"第 3 章\室外小屋\D5005B3.JPG"图片,如图 3-128 所示。

　　(4) 单击"凹凸"贴图通道的长按钮,打开"材质/贴图浏览器"对话框,同样选择"位图"选项,在打开本书案例文件夹中"第 3 章\室外小屋\D5005BB3.JPG"黑白图片,如图 3-129 所示。

　　(5) 继续选择名为"屋顶"的材质球,单击 ID 号为 2 的子材质右侧的长按钮,打开名为"边缘"的子材质球,设置"漫反射"颜色为 RGB(251,253,242),"高光级别"值为 23,"光

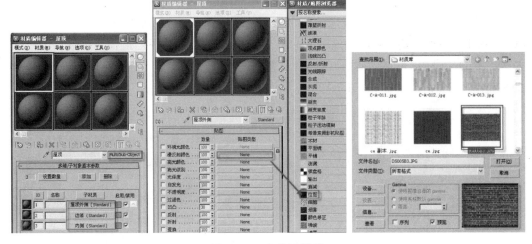

图 3-128　多维子材质

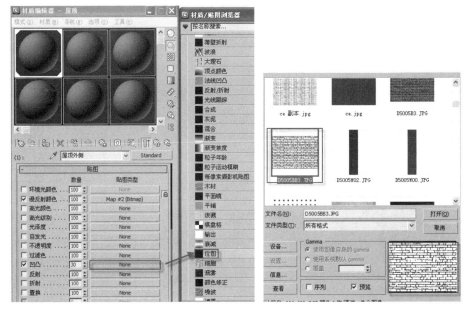

图 3-129　凹凸贴图

泽度"值为 10,如图 3-130 所示。

（6）同理选择名为"屋顶"的材质球,单击 ID 号为 3 的子材质右侧的长按钮,打开名为"内侧"的子材质球,设置"漫反射"颜色为 RGB(228,228,228),"高光级别"值为 19,"光泽度"值为 10,如图 3-131 所示。

（7）选择材质编辑器中名为"屋体"的材质球,设置"高光级别"值为 19,"光泽度"值为 10,展开"贴图"卷展栏,单击"漫反射颜色"右侧的长按钮,在"材质/贴图浏览器"对话框中选择"位图"选项,打开本书案例文件夹的"第3章\室外小屋\zhen.jpg"图片。同时将"漫

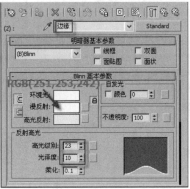

图 3-130 ID2 材质设置

图 3-131 ID3 材质设置

反射颜色"的贴图实例复制到"凹凸"通道中,将"凹凸"的"数量"值改为 15,如图 3-132
和图 3-133 所示。

(8)展开"漫反射颜色"贴图通道中的"输出"卷展栏,勾选"启用颜色贴图"复选框,调
整 R 曲线,如图 3-134 所示。

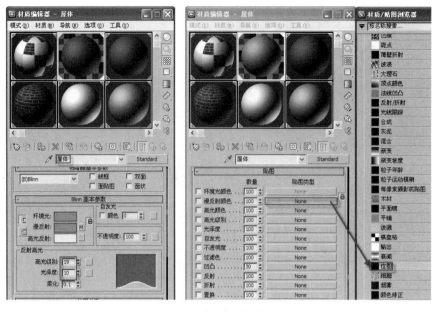

图 3-132　"屋体"材质设置

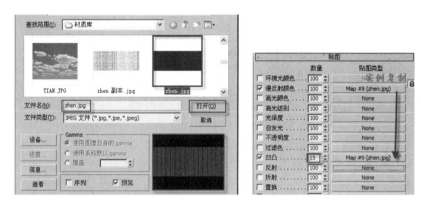

图 3-133　实例复制漫反射贴图

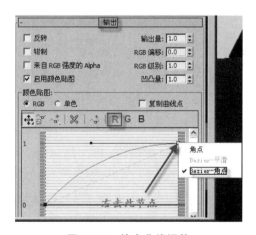

图 3-134　输出曲线调整

（9）选择材质编辑器中名为"淡黄"的材质球，设置"漫反射"颜色为RGB（269，227，168），"高光级别"值为30，"光泽度"值为10，调整好后指定给相应的模型，如图3-135所示。

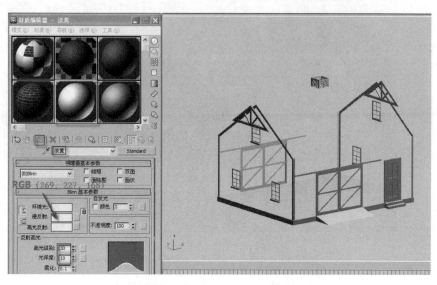

图3-135　"淡黄"材质设定

（10）选择材质编辑器中名为"通风台"的材质球，设置"漫反射"颜色为RGB（173，41，0），"高光级别"值为17，"光泽度"值为8，调整好后指定给相应的模型，如图3-136所示。

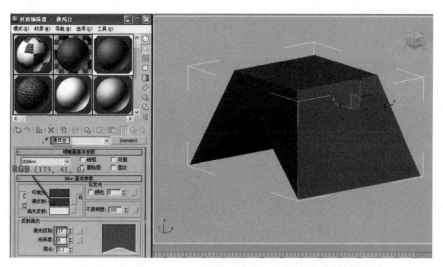

图3-136　"通风台"材质设定

（11）选择材质编辑器中名为"尖屋顶"的材质球，展开"贴图"卷展栏，单击"漫反射颜色"右侧的长按钮，在"材质/贴图浏览器"对话框中选择"位图"选项，打开本书案例文件夹中的"第 3 章\室外小屋\D5005B3.JPG"图片,同时将"漫反射颜色"中的贴图实例复制到"凹凸"贴图通道中,将"数量"值改为 10,如图 3-137 所示。

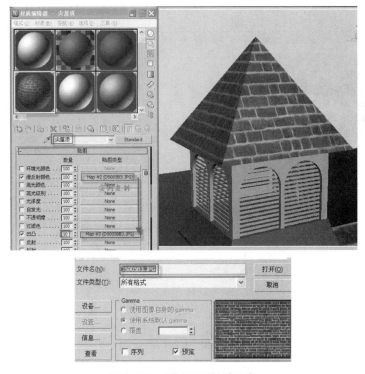

图 3-137 "尖屋顶"材质设定

（12）选择材质编辑器中名为"黑色条"及"绿色玻璃"的材质球,分别指定给相应的模型,如图 3-138 所示。

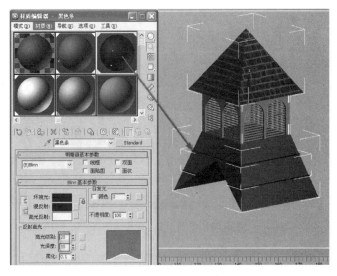

图 3-138 "黑色条"、"绿色玻璃"材质设置

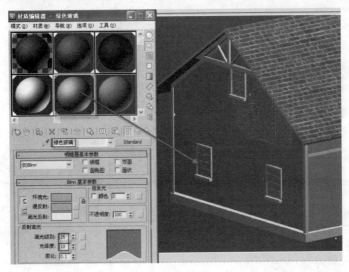

图 3-138　（续）

（13）选择材质编辑器中名为"地面"的材质球，指定给相应的模型，如图 3-139 所示。

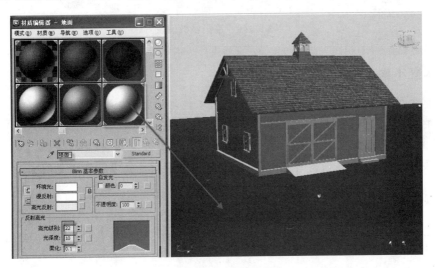

图 3-139　"地面"材质设定

5. 渲染输出

选择"渲染"→"渲染设置"命令，打开"渲染设置"窗口，选择"公用"选项卡，在"渲染输出"选项组中设定保存文件的路径，展开"指定渲染器"卷展栏，在"产品级"选项的"默认扫描线渲染器"文本框的右侧单击"浏览"按钮指定"mental ray 渲染器"，在"输出大小"选项组中设置输出图片的尺寸，在"查看"下拉列表中选择摄像机视图，最后单击"渲染"按钮即可完成渲染输出，设置参数如图 3-140 所示。

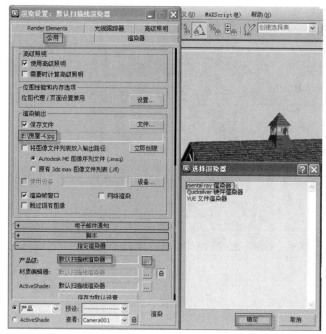

图 3-140　渲染参数设置

✒ 【本章小结】

本章主要对 3ds Max 材质贴图、灯光进行较详细的讲解,通过将材质指定给对象,影响对象的颜色、光泽度和不透明度等效果。配合"陶瓷茶壶效果表现"、"iMAC 苹果电脑(硬质塑料)材质效果表现"、"静物(玻璃、金属、布艺)材质效果表现"、"房屋(墙砖、油漆)外景效果表现"等案例详细讲解了常用材质、贴图及不同场景下灯光布置的方法。

📝 【课堂实训】

1. 完成如图 3-141 所示游戏场景中蘑菇的建模、材质、灯光制作。

任务:

(1) 利用基本几何球体、圆柱体转换为可编辑的多边形进行模型的创建;

(2) 利用长方体转换为可编辑的多边形进行蘑菇根部草的创建;

(3) 设定蘑菇材质;

(4) 灯光及摄像机的设置;

(5) 渲染输出为图片格式的文件。

2. 打开本书提供习题文件夹中第 3 章文件夹下的迷你电风扇场景文件及贴图文件,完成如图 3-142 所示迷你电风扇的材质、灯光的制作。

任务:

(1) 迷你风扇硬塑料材质设置;

(2) UVW 贴图坐标设置标志的位置;

图 3-141　蘑菇

图 3-142　迷你电风扇

（3）和 hdr 环境贴图及反光板的使用；

（4）灯光及摄像机的设置；

（5）渲染输出为图片格式的文件。

3. 打开本书提供习题文件夹中第 3 章文件夹下的金鱼场景文件及贴图，完成如图 3-143 所示金鱼的材质、灯光的制作。

任务：

（1）UVW 贴图坐标设置金鱼的身体；

（2）UVW 贴图坐标设置金鱼的鱼鳍部分；

（3）建立适当的灯光及摄像机；

（4）渲染输出为图片格式的文件。

4. 打开本书提供习题文件夹中第 3 章文件夹下的金鱼场景文件及贴图，完成如图 3-144 所示茶几的材质，灯光的制作。

任务：

（1）完成玻璃茶几台面材质设置；

（2）完成茶几四个立柱的金属材质设置；

（3）完成茶几下部木纹材质的设置；

（4）完成地面材质的设置；

（5）建立适当的灯光照明；

图 3-143　金鱼

图 3-144　茶几

（6）渲染输出为图片格式的文件。

5. 打开本书提供习题文件夹中第 3 章文件夹下的金鱼场景文件及贴图，完成如图 3-145 所示欧式椅子的材质、灯光的制作。

任务：

（1）完成欧式椅子的靠背、装饰线、滚轮的多维子材质设置；

（2）完成欧式椅子的靠背、坐垫部分布艺材质设置；

（3）完成地面材质的设置；

（4）建立适当的灯光照明；

（5）渲染输出为图片格式的文件。

图 3-145　欧式椅子

6. 打开本书提供习题文件夹中第 3 章文件夹下的金鱼场景文件及贴图，完成如图 3-146 所示一套龙纹茶杯的材质、灯光的制作。

任务：

（1）完成龙纹茶杯的材质设置；

（2）分别完成龙纹茶杯的 UVW 贴图坐标设置；

（3）完成桌面材质的设置；

（4）建立适当的灯光照明；

（5）渲染输出为图片格式的文件。

图 3-146　龙纹茶杯

7. 打开本书提供习题文件夹中第 3 章文件夹下的金鱼场景文件及贴图，完成如图 3-147 所示厨房一角的材质、灯光的综合制作。

任务：

（1）完成墙漆的材质设置；

（2）分别完成橱柜的 UVW 贴图坐标及材质设置；

（3）完成水龙头及水槽材质的设置；

（4）完成塑料筐及塑料桶的材质设置；

（5）完成瓷碗的材质设置；

（6）完成地板瓷砖的材质设置；

（7）建立适当的 mr 区域泛光灯光照明；

（8）渲染输出为图片格式的文件。

图 3-147　厨房一角

第4章

动画制作

☲ 【本章导读】

    三维动画的制作是 3ds Max 软件中最重要的功能,使用它可以对当中的任何对象或者参数进行动画的设置。3ds Max 强大的动画制作功能,提供给使用者大量实用的工具来制作和编辑动画,让使用者能够制作出更加真实的三维动画效果。

    3d Max 为游戏中的角色动画和场景动画、电视栏目包装、影视广告、电影和电视剧特效的制作完成提供了更加实用的工具。现在很多教学的演示动画、军事和交通事故、虚拟现实中动画的制作也广泛地使用 3ds Max。本章主要介绍 3ds Max 中的动画的基本原理、基础动画的操作界面、修改器动画、控制器动画的制作方法。

📈 【技能要求】

    (1) 了解动画原理和关键帧动画的制作;

    (2) 熟练掌握动画控制区各面板和轨迹视图的编辑与操作;

    (3) 了解常用修改器动画的设置和使用方法;

    (4) 熟练掌握常用控制器动画的使用方法。

4.1　动画基础知识

4.1.1　动画原理

    "动画"一词在词典中的解释是"赋予生命"的意思,使用这种手段使没有生命的形象鲜活起来。动画效果的实现以人眼的视觉原理为基础,将一系列动态画面连续地拍摄到胶片上,以一定的速度来放映这个胶片,并通过胶片运动所产生的幻觉实现连续的运动效果。因此要想产生连续运动的效果,胶片上每秒钟至少需播放 24 幅连续的画面,如图 4-1 所示。

    计算机图形图像技术在动画制作中的应用,不仅发扬了传统动画的特点,而且缩短了动画制作周期。使用 3ds Max 制作动画时不需像传统动画一样由动画制作人员来手工绘制连续的画面,而只需将一个动作开始和结束时定义好,此时计算机会自动计算完成中间的连续的画面,如图 4-2 所示。

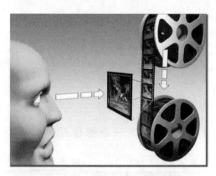

图 4-1 动画播放效果

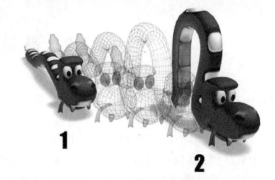

图 4-2 计算机动画效果

4.1.2 关键帧动画

1. 关键帧

动画当中的单幅画面就是帧,其等同于电影胶片上的每一个镜头。在 3ds Max 这类动画软件的时间轴上帧就表现成为一个标记。而关键帧则相当于二维动画中的一幅原画,是动画中角色或者物体运动变化中的关键动作所处的一帧。其概念源自传统卡通片的制作,传统卡通片制作中熟练的动画师设计其中的关键画面,也就是关键帧,由普通动画师设计中间帧。如图 4-3 所示,中间画是原画之间的平滑过渡,两幅原画则是二维动画中的关键帧。这种关键帧的原理同样适用于三维动画的制作。

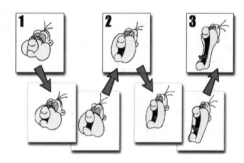

图 4-3 原始动画关键帧效果

2. 关键帧动画

在三维计算机动画中,中间帧由计算机来计算生成,其计算生成的画面代替了传统的动画师中间帧设计。画面中角色或者物体的运动参数都能称为关键帧的参数,例如物体位置、角度、大小等参数。而对动画中角色或者物体参数的调整则组成了动画中一个完整的关键帧动画,所有三维动画的编辑和修改都是基于关键帧进行的。图 4-4 所示为篮球投篮的一个关键帧动画。

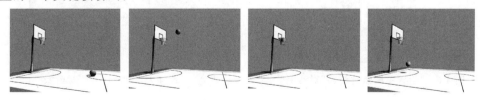

图 4-4 投篮动画效果

4.2 基础动画

4.2.1 动画控制区

在 3ds Max 中,用于对动画进行控制和制作的工具所在的区域被称作动画控制区,位于软件界面的右下角,如图 4-5 所示。本部分对其中的主要功能进行介绍。

图 4-5 动画控制区

∽（设置关键点）：将所选对象的运动、旋转和缩放等参数的变化手动设置为关键帧。

自动关键点（切换自动关键点模式）：自动记录所选对象的运动、旋转和缩放等参数的变化,并将其自动设置为关键帧。

设置关键点（切换设置关键点模式）：进入关键点动画设置模式,单击该按钮后,在视图中对所选对象进行的操作将会被记录下来。

√（新建关键点的默认入/出切线）：为新的动画关键点快速设置默认切线的类型。

关键点过滤器...（关键点过滤器）：单击该按钮,打开"设置关键点过滤器"对话框,如图 4-6 所示。

0（当前帧/转到帧）：显示当前帧数,同时也可以在该字段中输入帧数的具体数值来跳转到该帧。

（时间配置）：单击该按钮,可以打开"时间配置"对话框,对动画的帧速率、播放速度等数据进行编辑,如图 4-7 所示。

图 4-6 "设置关键点过滤器"对话框

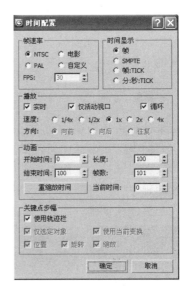

图 4-7 "时间配置"对话框

4.2.2 轨迹视图窗口的编辑与操作

轨迹视图窗口是动画创作中使用最为频繁的工具窗口,大部分的动作调节都在轨迹视图中进行。"轨迹视图"使用两种不同的模式:"曲线编辑器"和"摄影表"。轨迹视图窗口由四部分组成,图4-8和图4-9所示分别为"轨迹视图"的两种模式。

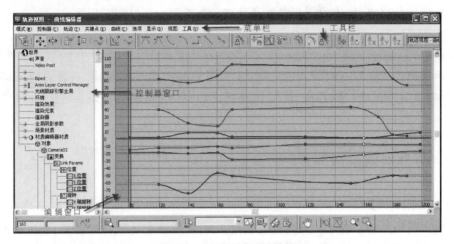

图 4-8 "曲线编辑器"模式

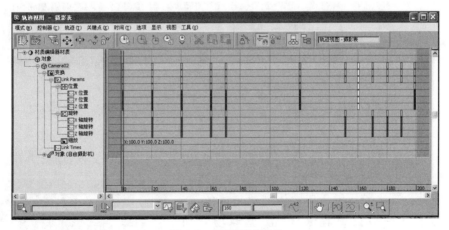

图 4-9 "摄影表"模式

1. 菜单栏

菜单栏位于窗口的上方,对"轨迹视图"窗口中的各种命令进行了归类。工具栏和菜单栏中的一些命令是相同的,绝大多数工具栏中的命令在菜单栏中都可以找到。

2. 工具栏

在窗口的上方和下方各有一行以图标形式呈现的工具按钮,用于对各种命令进行编辑操作。

3. 控制器窗口

3ds Max 的"控制器窗口"有 13 层，分别为"声音"、"Video Post"、"SME"、"Anim Layer Control Manager"、"Biped"、"环境"、"渲染效果"、"渲染元素"、"渲染器"、"全局阴影参数"、"场景材质"、"材质编辑器材质"和"对象"。这些层中前面小圆圈内有加号的层都有可扩展的分层级，物体的创建参数及动画参数都显示于"对象"层中。

4. 编辑窗口

编辑视窗位于窗口右侧的灰色区域，主要用来显示动画关键帧、函数曲线或动画区段，方便对各个项目进行轨迹编辑。"轨迹视图"中的主要功能都是在"编辑窗口"中完成的。

4.2.3 基础动画案例制作

【案例分析】

案例中将制作一个篮球飞入篮筐的基础动画，主要是用关键帧的设置、轨迹视图的调整来设置篮球的飞行动画。投篮动画效果如图 4-10 所示。

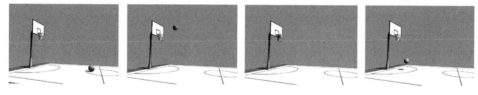

图 4-10 投篮动画效果图

【制作步骤】

打开本书案例文件夹中的"第 4 章\投篮动画-初始.max"场景文件，场景中有一个篮球场场景模型、一个篮球模型和一个调整好角度的目标摄像机。篮球场是用几何物体创建完成的，篮球是球体创建好后设置篮球材质。篮球场景如图 4-11 所示。

1. 设置动画的时间和篮球运动的关键帧

（1）单击 ▣（时间配置）按钮，弹出"时间配置"对话框，参数设置如图 4-12 所示。

图 4-11 篮球场景

【知识拓展】

帧速率是每秒显示帧数，即每秒钟实际显示的帧数，不同的设备输出的帧速率不同。

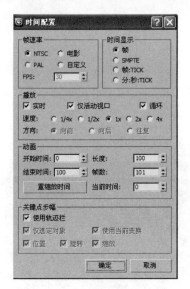

图 4-12 "时间配置"对话框

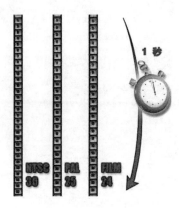

图 4-13 帧速率模式

帧速率主要有以下几种模式,如图 4-13 所示。

① NTSC:该制式是 National Television Systems Committee 国家电视系统委员会制式的缩写,是北美、大部分中南美国家、日本和中国台湾地区所使用的电视输出标准,它的帧速率是每秒 30 帧。

② PAL:该制式是 Phase Alternating Line 逐行倒相的缩写,是大部分欧洲国家使用的视频标准,中国和新加坡等国家也使用这种制式,它的帧速率是每秒 25 帧。

③ 电影:该制式是电影胶片的计数标准,它的帧速率为每秒 24 帧。

(2)在场景中选择"篮球"模型,单击 自动关键点 按钮,滑动时间滑块至第 15 帧。将"篮球"模型移动到篮筐的右上方,位置如图 4-14 所示。选择"篮球"模型右击,在弹出的菜单中选择"对象属性"选项,如图 4-15 所示并在"对象属性"对话框中勾选"显示属性"选项组中的"轨迹"复选框。如图 4-16 所示,在场景中"篮球"的运动轨迹以红色轨迹线显示。

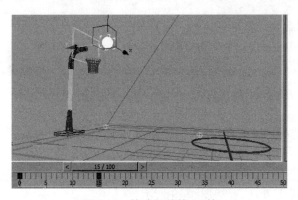

图 4-14 篮球运动第 15 帧

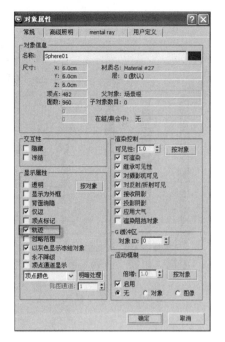

图 4-15 "对象属性"对话框

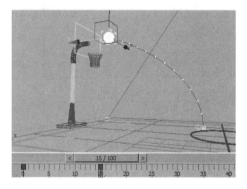

图 4-16 篮球轨迹视图

（3）滑动时间滑块至第 20 帧，单击 自动关键点 按钮，将"篮球"模型移动到篮板前,位置如图 4-17 所示。

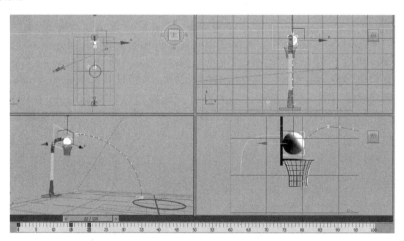

图 4-17 投篮动画第 20 帧

（4）在场景中选择"篮球"模型,滑动时间滑块至第 25 帧,单击 自动关键点 按钮,将"篮球"模型移动到篮筐内,位置如图 4-18 所示。

（5）在场景中选择"篮球"模型,滑动时间滑块到第 32 帧,单击 自动关键点 按钮,将"篮球"模型移动到篮筐的正下方,位置如图 4-19 所示。

（6）在场景中选择"篮球"模型,滑动时间滑块到第 38 帧,单击 自动关键点 按钮,将"篮球"模型移动到如图 4-20 所示的位置。

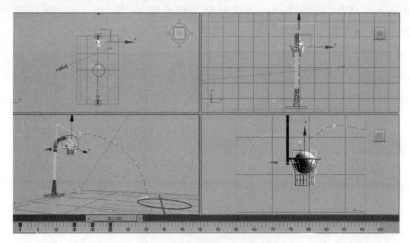

图 4-18 投篮动画第 25 帧

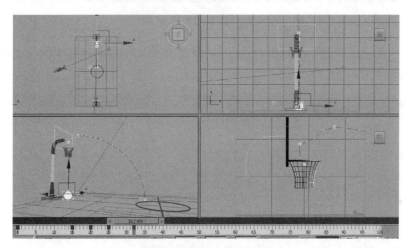

图 4-19 投篮动画第 32 帧

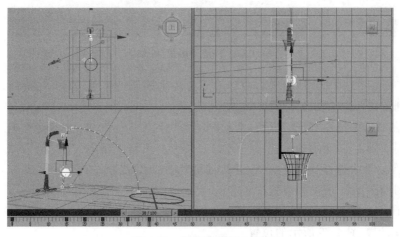

图 4-20 投篮动画第 38 帧

（7）在场景中选择"篮球"模型，滑动时间滑块到第 44 帧，单击 自动关键点 按钮，将"篮球"模型移动到如图 4-21 所示的位置。

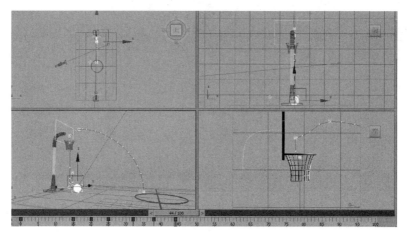

图 4-21　投篮动画第 44 帧

（8）在场景中选择"篮球"模型，滑动时间滑块到第 48 帧，单击 自动关键点 按钮，将"篮球"模型移动到如图 4-22 所示的位置。

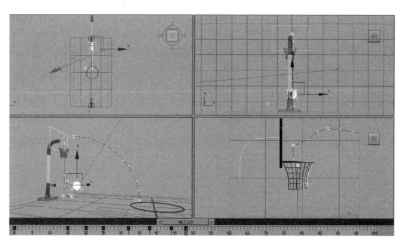

图 4-22　投篮动画第 48 帧

（9）在场景中选择"篮球"模型，滑动时间滑块到第 52 帧，单击 自动关键点 按钮，将"篮球"模型移动到如图 4-23 所示的位置。

（10）在场景中选择"篮球"模型，滑动时间滑块到第 55 帧，单击 自动关键点 按钮，将"篮球"模型移动到如图 4-24 所示的位置。

（11）在场景中选择"篮球"模型，滑动时间滑块到第 58 帧，单击 自动关键点 按钮，将"篮球"模型移动到如图 4-25 所示的位置。

（12）在场景中选择"篮球"模型，滑动时间滑块到第 100 帧，单击 自动关键点 按钮，将"篮球"模型移动到如图 4-26 所示的位置。

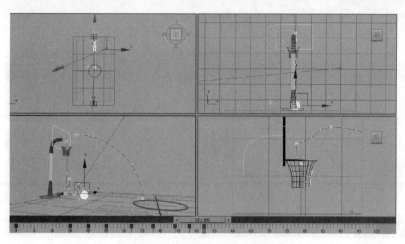

图 4-23 投篮动画第 52 帧

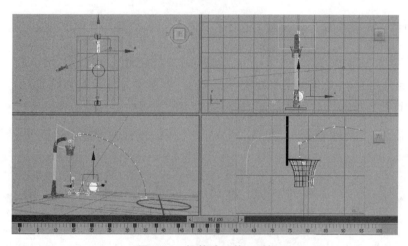

图 4-24 投篮动画第 55 帧

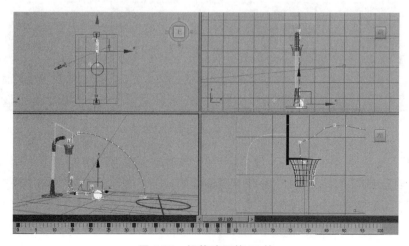

图 4-25 投篮动画第 58 帧

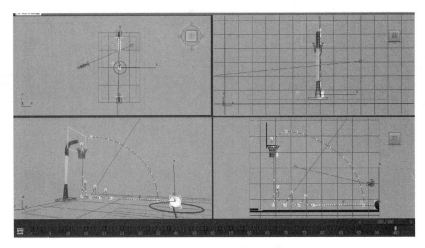

图 4-26　投篮动画第 100 帧

2. 调节"轨迹视图"中篮球运动的轨迹点

（1）在场景中选择"篮球"模型，单击工具栏中的 ▨（曲线编辑器）按钮，打开"轨迹视图-曲线编辑器"窗口。在窗口左侧的列表中选择"Z 位置"选项，窗口右侧显示了一条蓝色的曲线，这是篮球的沿 Z 轴运动的曲线，如图 4-27 所示。

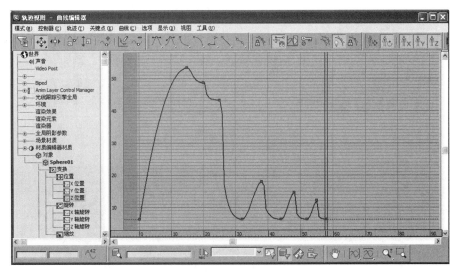

图 4-27　投篮动画运动轨迹视图

（2）根据篮球投篮的垂直运动规律，上升阶段篮球为减速运动，下落阶段篮球为加速运动。在"轨迹视图-曲线编辑器"窗口中调整篮球"Z 轴"的运动速度，单击"轨迹视图-曲线编辑器"工具栏中的 ▧ 按钮，选择"轨迹视图-曲线编辑器"右侧窗口中需要调整的关键点，根据运动速度对其进行调整，调整后的效果如图 4-28 所示。

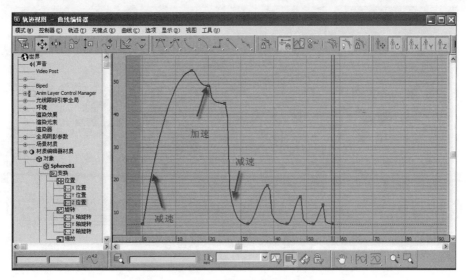

图 4-28　投篮动画轨迹视图速度效果

3. 渲染输出投篮动画

（1）打开菜单栏中的"动画"菜单，在下拉菜单中选择"生成预览"选项，可以快速渲染场景文件，预览动画效果。图 4-29 所示为"生成预览"对话框和预览效果。

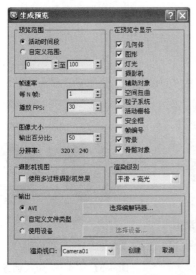 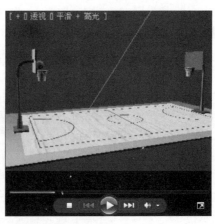

图 4-29　"生成预览"对话框和预览动画效果

（2）单击工具栏中的 按钮，打开"渲染设置"窗口，以 AVI 格式保存动画到指定文件夹内，设置参数如图 4-30 所示。

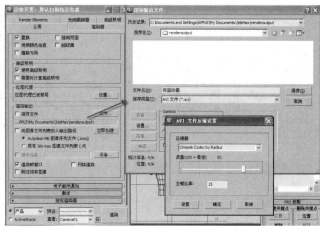

图 4-30　动画渲染输出

4.3　修改器动画

在"修改"面板中提供的各种修改器不仅在建模的时候能够用到,在动画的制作中也比较重要。其中有一些修改器在制作动画的时候要经常用到,如柔体、融化、路径变形等。下面就介绍一下这几种修改器的使用方法。

4.3.1　"柔体"修改器

"柔体"修改器是用选定对象顶点之间的虚拟弹力线模拟软体动力学。在顶点之间建立虚拟的弹力线,并通过设置弹力线的柔韧程度来调节顶点彼此之间距离的远近。可设置弹力线的刚度,有效控制顶点相互接近、拉伸以及它们可移动的距离。该修改器使用于 NURBS、面片、网格、形状、FFD 空间扭曲以及可变形的任何基于插件的对象类型。可将"柔体"与"重力值"、"风"、"马达"、"推力"和"粒子爆炸"等空间扭曲结合使用,使动作更加逼真。添加"柔体"修改器制作动画的效果如图 4-31 所示。

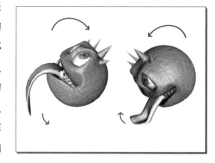

图 4-31　"柔体"修改器效果

4.3.2　"融化"修改器

"融化"修改器是将实际融化效果应用到所选定对象上,通过添加修改器实现模拟柔软变形、塌陷的效果,例如雪的融化、冰的融化等效果。该修改器支持任何对象类型,包括可编辑面片和 NURBS 对象,同样也包括传递到修改堆栈的子对象选择。如图 4-32 所示的"融化"修改器"参数"卷展栏中的一些常用参数将在案例中进行介绍。

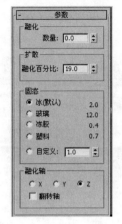

图 4-32　"融化"修改器参数

图 4-33　"路径变形"修改器参数

4.3.3　"路径变形"修改器

"路径变形"修改器是用来控制所选定对象沿路径曲线发生变形，多用于动画制作中。选定对象添加该修改器后能够在指定路径上沿路径移动，同时选定对象自身会发生变形，这个功能经常被用作表现文字在空间滑行的动画效果。图 4-33 所示为"路径变形"修改器"参数"卷展栏。

4.3.4　修改器动画案例制作

1. 冰淇淋融化动画案例制作

【案例分析】

案例中将制作冰淇淋融化的动画效果，涉及的工具是修改器中的"融化"修改器，通过使用"融化"修改器来制作完成冰淇淋融化的动画效果。

【制作步骤】

打开本书案例文件夹中的"第 4 章\冰淇淋融化-初始.max"场景文件，场景中有一个冰淇淋模型。冰淇淋模型是使用"挤出"、"锥化"修改器共同创建完成的，冰淇淋筒模型是使用"车削"修改器创建完成的，如图 4-34 所示。

1）加入"融化"修改器

选择冰淇淋的模型，并为其加入一个"融化"修改器，对其参数进行调整，如图 4-35 所示。

2）制作冰淇淋融化动画

（1）单击 自动关键点 按钮，滑动时间滑块到第 50 帧，展开"融

图 4-34　场景效果图

化"修改器的"参数"卷展栏,将"数量"值设置为100,"融化百分比"值设置为14.5,效果如图4-36所示。

图4-35 "融化"修改器参数

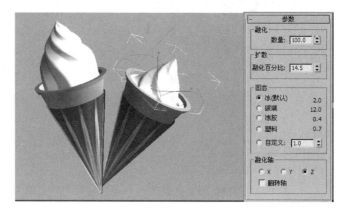

图4-36 冰淇淋融化动画第50帧

(2)再次滑动时间滑块到第100帧,展开"融化"修改器的"参数"卷展栏,将"数量"值设置为250,"融化百分比"值设置为10,效果如图4-37所示。

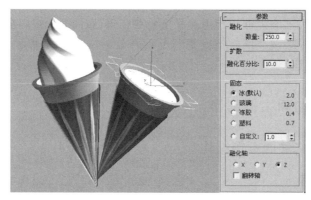

图4-37 冰淇淋融化动画第100帧

(3)选择已设置完成融化动画的冰淇淋,在"修改"面板中的"融化"修改器选项上右击,在弹出的菜单中选择"复制"选项。然后选择另外一个冰淇淋,进入"修改"面板,选择"可编辑多边形"选项右击,在弹出的菜单中选择"粘贴"选项,将修改器动画复制到该物体上。最终效果如图4-38所示。

  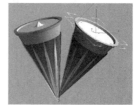

图4-38 冰淇淋融化效果图

2. 光带沿文字路径变形案例制作

【案例分析】

案例中将制作光带沿文字飞行的动画效果，涉及的工具是修改器中的"路径变形"修改器，通过使用该修改器来制作完成动画效果。光带变形动画效果如图4-39所示。

图4-39　光带变形动画效果图

【制作步骤】

打开本书案例文件夹中的"第4章\文字沿路径变形动画-初始.max"场景文件，场景中有一个文字模型，如图4-40所示。

（1）单击"创建"面板中的"图形"按钮，再单击"样条线"中的"线"按钮，在前视图中绘制出文字的外轮廓线，如图4-41所示。

图4-40　场景模型

图4-41　文字创建

（2）在前视图中创建一个圆柱体，设置"半径"值为0.6，"高度"值为70，"高度分段"值为80，效果如图4-42所示。

（3）选择圆柱体，单击"修改"面板中的"修改器列表"下三角按钮，选择"路径变形"修改器。在"路径变形"修改器的"参数"卷展栏中单击"拾取路径"按钮，拾取在前视图创建的文字外轮廓线，如图4-43所示。

（4）使用旋转工具沿Y轴旋转90度，如图4-44所示。

图 4-42　创建光带模型

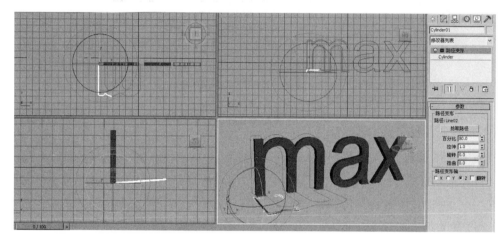

图 4-43　光带添加"路径变形"修改器

图 4-44　调整"路径变形"修改器

（5）展开"路径变形"的"参数"卷展栏，将"百分比"值调整为 80。单击"自动关键点"按钮，滑动时间滑块到 100 帧，调整"百分比"值为 0，如图 4-45 所示。

（6）在第 0 帧和 100 帧之间设置光带变形动画，关闭"自动关键点"按钮。打开"渲染设置"菜单对其进行输出。

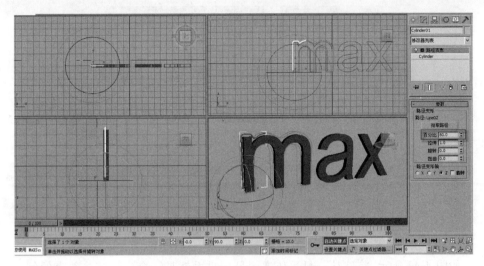

图 4-45　自动关键点记录动画

4.4　控制器动画

动画控制器实际上是控制对象物体运动轨迹规律的方法,决定动画参数在每一帧动画中运动的规律。动画控制器既可在"运动"面板中指定,也可以在"动画"菜单中指定。在进行动画设计时,经过动画控制器控制调整的对象物体将得到一个流畅的动画。创建对象物体时,已指定了默认的动画控制器。在默认状态下,控制器总是给新增加的关键点设置光滑的切线类型。

4.4.1　变换控制器

进入 ◎(运动)面板,然后选择"变换"选项。单击 ⬚(指定控制器)按钮,会弹出"指定变换　控制器"对话框,如图 4-46 所示。变换控制器包括"变换脚本"、"链接约束"和"位置/旋转/缩放"3 种控制器。

1.变换脚本

"变换脚本"控制器在一个脚本化矩阵值中包含"位置/旋转/缩放(PRS)"控制器含有的所有信息。可以从一个脚本控制器对话框中同时访问全部三个值,而不是为位置/旋转/缩放控制器分配三个单独轨迹。因为脚本定义了变换值,因此更易于设置动画。

2.链接约束

将一个对象链接到另外的对象上制作动画,对象会继承目标对象位置/旋转/缩放的

图 4-46　变换控制器

属性。如图 4-47 所示,将球从一只手传递到另一只手就是一个应用链接约束的例子。假设在第 0 帧中球在右手,设置手的动画使它们在第 50 帧相遇,在此帧球传递到左手,然后向远处分离直到第 100 帧。

3. 位置/旋转/缩放

改变控制器对话框中的系统默认设置,将对对象物体的位置、旋转和缩放 3 个选项分别调节。变换控制分为"位置"、"旋转"和"缩放"3 个子控制项目,默认了不同的控制器。

图 4-47　"链接约束"效果

图 4-48　位置控制器

4.4.2　位置控制器

进入 ◎(运动)面板,然后选择"位置"选项。单击 █(指定控制器)按钮,会弹出"指定位置　控制器"对话框,如图 4-48 所示。位置控制器包括多种控制器,以下对其常用的控制器进行介绍。

1. Bezier 位置

在两个关键点之间使用一个可调的样条曲线来控制动作插值，对大多数参数而言均可用，所以位置控制器对话框中选择它作为默认设置。允许函数曲线方式控制曲线的形态，从而影响运动效果。还可以通过 Bezier 控制器控制关键点两侧曲线衔接的圆滑程度。

2. TCB 位置

TCB 控制器能够产生曲线型动画，类似于 Bezier 控制器产生的动画效果。但 TCB 控制器不使用切线类型或可调整的切线控制柄，而是通过"张力"、"连续性"和"偏移"3 个参数选项来调节动画效果。

3. 弹簧

"弹簧"控制器为对点或对象位置添加动力学效果，与柔体命令相似，使用此约束，可以给通常静态的动画添加逼真感。

4. 附加

对象物体与目标物体表面相结合，目标物体必须是一个网格物体或者是一个能够转换为网格的 NURBS 物体或面片物体。通过在关键点分配不同的附加控制器，可以作出对象物体在目标物体表面移动的效果。

5. 路径约束

使物体沿一条样条线路径运动，路径目标可以是各种类型的样条线。样条曲线（目标）为约束对象定义了一个运动的路径。目标可以使用任意的标准变换、旋转、缩放工具设置为动画。以路径的子对象级别设置关键点，如顶点或分段，虽然这影响到受约束对象，但可以制作路径的动画，如图 4-49 所示。

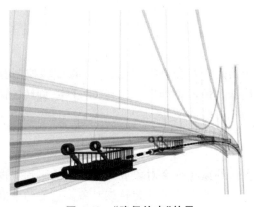

图 4-49 "路径约束"效果

6. 曲面

对象物体沿目标物体表面运动,要求目标物体是球体、圆锥体、圆柱体、圆环、四边形面片、NURBS 物体。这几种物体以外的物体不能作为曲面控制器的目标物体,同时这些物体要保持完整性,不能添加切片和修改命令。

7. 位置 XYZ

"位置 XYZ"控制器将 X、Y 和 Z 组件分为三个单独轨迹,可以单独为每一项指定控制器。从表达式控制器引用时,提供了对三个轨迹的单独控制。

8. 线性位置

线性控制器用于在动画两个关键点之间进行动画插补计算,得到标准的线性动画。其方法是按照关键点之间的时间量平均划分从一个关键点值到下一个关键点值的更改。

9. 音频位置

音频控制器主要通过声音的频率和振幅来控制动画的速度,包括变换、浮点和三点的数值通道。音频控制器将所记录的声音文件振幅或实时声波转换为可以设置对象或参数动画的值。

10. 噪波位置

噪波控制器会使对象物体在一系列帧上产生随机的、基于分形的动画。噪波控制器没有关键帧的设置,它使用参数来控制噪波曲线。

4.4.3 旋转控制器

进入 ◎(运动)面板,然后选择"旋转"选项。单击 ⬚(指定控制器)按钮,会弹出"指定旋转　控制器"对话框。如图 4-50 所示,旋转控制器包括多种控制器,以下对其常用的控制器进行介绍。

1. Euler XYZ

Euler XYZ 旋转控制器是一种合成控制器,可以将旋转控制分离为 X、Y、Z,分别控制 3 个轴向上的旋转。Euler XYZ 不如四元旋转(由 TCB 旋转控制器使用)平滑,但它是唯一可以用于编辑旋转功能曲线的旋转类型。

2. 方向约束

将约束对象的旋转方向约束在一个对象或几个对象的平均方向。约束对象可以是任何可旋转的对象,方向约束后,便不能手动旋转该对象。只要约束对象的方式不影响对象的位置或缩放控制器,便可以移动或缩放该对象。目标对象可以是任意类型的对象,目标对象的旋转会驱动受约束的对象,可以使用任何标准平移、旋转和缩放工具来设置目标对象的动画。效果如图 4-51 所示。

图 4-50 旋转控制器

图 4-51 "方向约束"效果

3. 平滑旋转

平滑旋转能够实现平滑自然的旋转动作,其功能与"线性旋转"控制器相同,没有可调的函数曲线,只能在轨迹视图中改变时间范围。

4. 线性旋转

线性旋转是控制两个关键点之间的旋转动画,常用于一些规律性的动画旋转效果。

5. 旋转脚本

旋转脚本是通过脚本语言来控制旋转动画。

6. 旋转列表

旋转列表是一个含有一个或多个控制器的组合,它能够和其他种类的控制器组合在一起,并按从上到下的排列顺序进行计算,从而产生组合控制的效果。

7. 音频旋转

单频旋转是通过声音的频率和振幅来控制动画物体旋转的运动节奏,基本上可以作用于所有类型的控制器参数。

8. 噪波旋转

该控制器能够产生一个随机数值,并且产生随机的旋转动作变化。它没有关键点的设置,使用参数来控制噪声曲线,从而影响旋转动画的动作。

9. 注视约束

注视约束控制对象物体方向,使它始终注视目标物体。注视约束会锁定对象的旋转度,使对象的一个轴点朝向目标对象。注视轴点朝向目标,而上部节点轴定义了轴点向上的朝向。如果这两个方向一致,结果可能会产生翻转的行为,这与指定一个目标摄像机直接向上相似。效果如图 4-52 所示。

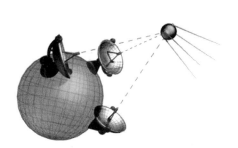

图 4-52 "注视约束"效果

图 4-53 缩放控制器

4.4.4 缩放控制器

进入 ◎(运动)面板,然后选择"缩放"选项。单击 ☑(指定控制器)按钮,会弹出"指定缩放 控制器"对话框。如图 4-53 所示,缩放控制器包括多种控制器,以下对其常用的控制器进行介绍。

1. Bezier 缩放

它是默认的控制器,允许通过函数曲线方式控制物体缩放曲线的形态,影响其运动效果。

2. TCB 缩放

通过"张力"、"连续性"和"偏移"三个参数项目来调节物体的缩放动画。

3. 缩放表达式

通过数学表达式来实现控制对象物体的动作。它可以控制物体的基本参数,也可以控制对象物体的缩放运动。

4. 缩放脚本

通过脚本语言来控制缩放动画。

5. 缩放列表

它不是一个具体的控制器,而是含有一个或多个控制器的组合。能够将其他种类的控制器组合在一起,按从上到下的排列顺序进行计算,从而产生组合的控制效果。

6. 线性缩放

在两个关键点之间得到稳定的缩放动画,常用于规律性的动画效果。

7. 音频比例

通过声音的频率和振幅来控制对象物体的缩放运动节奏,适用于所有类型的控制器。

4.4.5 控制器动画案例制作

【案例分析】

案例中将制作摄像机跟拍飞机在雪山中穿梭的效果,该效果主要通过动画的控制器中的路径约束、链接约束等来设置飞行模型动画。

【制作步骤】

打开本书案例文件夹中的"第4章\飞机飞行动画-初始.max"场景文件,场景中有一个飞机模型,以及一个雪山场景。飞机模型是使用多边形建模的方法创建完成的,雪山场景是使用置换修改器的方法设置完成的,如图4-54所示。

图 4-54 场景文件

1. 创建飞机模型的飞行路径

(1)打开场景模型,选择飞机模型,使用移动和旋转工具,在视图中调整飞机模型在场景中的位置,如图 4-55 所示。

(2)单击视图右下角的 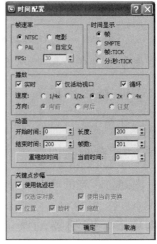(时间配置)按钮,弹出"时间配置"对话框,设置数值如图 4-56 所示。

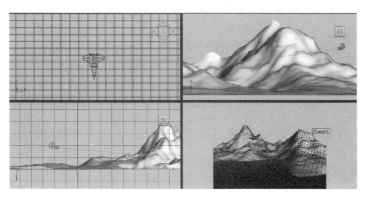

图 4-55　飞机模型位置调整　　　　　　　　图 4-56　时间配置

(3)单击 (创建)面板中的 (图形)工具,选择"线"选项,在顶视图中创建飞行路径 Line01,用移动和旋转工具在视图中调整路径的位置,使它的初始位置与飞机的初始位置一致,如图 4-57 所示。

(4)选择飞机模型,打开 (运动)面板,在"指定控制器"卷展栏中选择位置控制器后点击图标 ,打开"指定 位置 控制器"对话框,选择"路径约束"控制器,如图 4-58 所示。

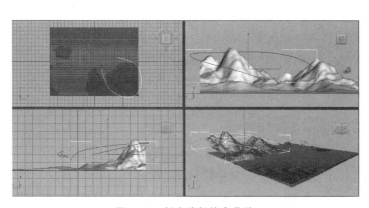

图 4-57　创建路径约束曲线　　　　　　　图 4-58　位置控制器

(5)在路径约束参数中单击"添加路径"按钮,在视图中选择绘制好的飞机飞行的路径曲线 Line01,如图 4-59 所示。飞机模型立刻转移到路径 Line01 的初始位置,飞机模型的运动曲线已经约束到路径 Line01 上,但是飞机模型的运动方向和运动速度还需要进一步调整。

(6) 在"路径参数"卷展栏中勾选"跟随"复选框,同时勾选"倾斜"复选框。调整"倾斜量"值为 0.2,"平滑度"值为 0.5,勾选"允许翻转"复选框,调整坐标轴与 Y 轴对齐,如图 4-60 所示。

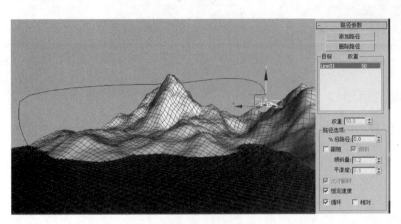

图 4-59　飞机路径约束　　　　　　　　　　　图 4-60　路径约束参数

(7) 真实场景下飞机在弯曲飞行时向一侧倾斜飞行,因此飞机在飞入弯道的时候要进行侧飞。为使动画效果与真实效果更为一致,需要对不同关键点下飞机的倾斜量进行调节。单击"自动关键点"按钮,在第 0 帧调整"倾斜量"值为 0.2,如图 4-61 所示。

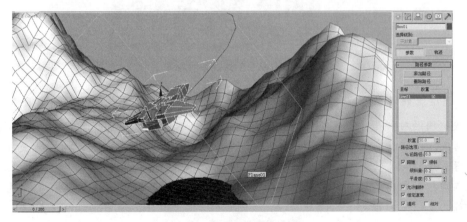

图 4-61　路径约束参数调整

(8) 滑动时间滑块至第 20 帧,调整"倾斜量"值为 1.0,"平滑度"值为 1.0。滑动时间滑块至第 40 帧,调整"倾斜量"值为 1.3,"平滑度"为 1.2。滑动时间滑块至第 60 帧,调整"倾斜量"值为 0.9,"平滑度"值为 1.2。滑动时间滑块至第 80 帧,调整"倾斜量"值为0.5,"平滑度"值为 1.2。滑动时间滑块至第 110 帧,调整"倾斜量"值为 0.8,"平滑度"值为1.2。效果如图 4-62 所示。

图 4-62　路径约束参数调整

2. 创建摄像机跟拍动画

（1）单击 ✳（创建）面板中的 ◎（辅助对象）按钮，选择虚拟对象 Dummy01，在透视图中任意位置创建，如图 4-63 所示白色长方体线框即虚拟对象。

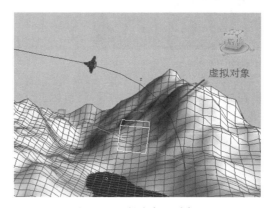

图 4-63　创建虚拟对象

🔔【注意提示】

虚拟辅助对象是一个线框立方体，轴点位于其几何体中心。它有名称但没有参数，不可以修改和渲染。它的唯一真实功能是它的轴点，用作变换的中心。线框作为变换效果的参考。虚拟对象的另一个常用用法是在目标摄像机的动画中，可以创建一个虚拟对象并且在虚拟对象内定位目标摄像机，然后可以将摄像机和其目标链接到虚拟对象，并且使用路径约束设置虚拟对象的动画。

（2）选择虚拟对象，打开 ◎（运动）面板，在"指定控制器"卷展栏中选择位置控制器后，单击图标 ☑，打开"指定　位置　控制器"对话框，选择"路径约束"控制器。在"路径参数"卷展栏中单击"添加路径"按钮，在视图中拾取 Line01 作为虚拟物体的运动路径。路径约束后虚拟对象和飞机模型的轨迹一致，参数设置和效果如图 4-64 所示。

（3）在场景中创建一个自由摄像机，调整其位置和角度，设置参数，效果如图 4-65 所示。

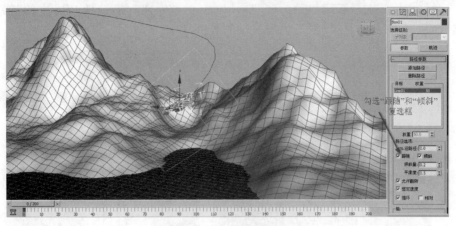

图 4-64　"路径参数"调整

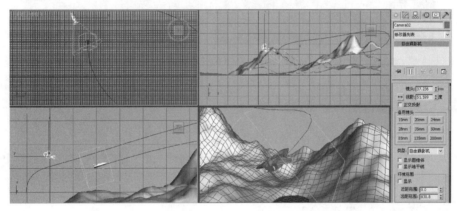

图 4-65　创建自由摄像机

（4）选择自由摄像机，打开 ◎（运动）面板，在"指定控制器"卷展栏中选择变换控制器后，单击图标 ，打开"指定　变换　控制器"对话框，选择"链接约束"控制器。在链接约束参数中单击"添加链接"按钮，在视图中选择虚拟对象 Dummy01 进行链接。单击时间栏中的 ▶（播放）按钮，自由摄像机能够沿飞机飞行路径进行拍摄。跟拍效果如图 4-66 所示。

图 4-66　摄像机跟拍效果

（5）摄像机能够按照飞机的飞行路径进行跟拍，由于摄像机的位置和角度没有调整，因此拍摄效果不够逼真。调整"链接约束"控制器的参数，从而使摄像机派生效果更加逼真。将时间滑块分别滑至第 20、40、60、70、120、160、170、180 帧,选择 PRS 中的"位置"和"旋转"参数,分别调整其 X 轴、Y 轴和 Z 轴的数值,如图 4-67 所示。

图 4-67　摄像机位置调整

3. 动画效果调整和渲染输入

(1) 单击时间"播放"按钮,观察摄像机跟拍效果,对效果不好的地方进行调整。

(2) 单击工具栏中的 按钮,打开"渲染设置"窗口,以 AVI 格式保存动画到指定文件夹内,设置参数如图 4-68 所示。

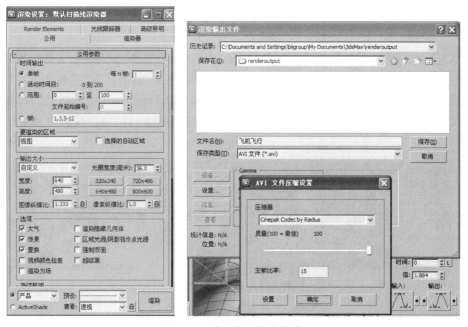

图 4-68　动画效果渲染输出

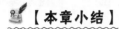【本章小结】

　　本章详细讲解了在 3ds Max 中为物体设置动画的一些方法和相关的参数设置的效果。用篮球投篮的动画讲解了基础动画的设置以及轨迹视图的使用方法,同时通过另外几个实例的制作详细讲解了如何使用修改器来设置动画,以及如何通过添加控制器和控制约束来制作更加丰富的动画效果。

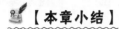【课堂实训】

　　1. 分析使用"自动关键帧"和"设置关键帧"在记录动画关键帧时,在制作步骤和效果上有什么区别。

　　2. 要实现船只在海面上行驶时的起伏效果,以及随着海面的起伏前行的效果,会用到哪些动画控制器?

　　3. 完成如图 4-69 所示的光带沿文字切割的效果,制作时会使用到动画中的哪些修改器和控制器?

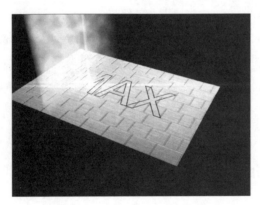

图 4-69　光带沿文字切割效果

第5章

游戏模型创建

【本章导读】

　　游戏建模主要包括角色和场景两个方面,在本章中将主要学习卡通角色建模和游戏场景建模。

【技能要求】

　　(1) 掌握使用多边形方法建立卡通角色的方法,掌握游戏场景的创建;
　　(2) 灵活运用本章所学的方法,制作游戏模型。

5.1　卡通角色的制作

5.1.1　卡通角色介绍

　　原型就是在头脑中遗留和积淀下来的原始意象。卡通角色的类型分为人形、拟人化、拟兽化和拟物化,图 5-1 所示为几个不同类型的卡通角色。

　　角色设计是以人体的结构比例作为基础设计和创作,角色设计的特色也是千变万化的,在特征上给人的感觉有恐怖、善良、强悍和美丽等,所以首先了解人体的结构特征对创作有很大的帮助。

　　一个角色是由胸腔、腹腔、腰和四肢几大部分组成的,将胸腔和腹腔归纳为简单的几何图形体,将腰和四肢看成是连接两大腔体的肢体。然后,在几何图形体和肢体上加上衣服和一些细节。这样,不管形体如何变形、夸张、扭曲,人物造型也能准确、完整、统一,如图 5-2 所示。

图 5-1　不同类型的卡通角色

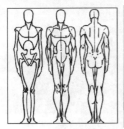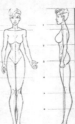

图 5-2　角色的结构组成

5.1.2　制作卡通角色

制作卡通造型可以对造型进行夸张,不必过分追求真实,所有的卡通角色都有它生活中的原型,准确地把握其原型是创造卡通造型的先决条件。图 5-3 所示为老鼠和由其延伸的卡通老鼠的银幕形象。

本节中将制作一个卡通小狗角色,通过小狗的制作学习卡通角色的制作过程。卡通小狗如图 5-4 所示。

图 5-3　银幕造型与实物

图 5-4　卡通小狗

【案例分析】

卡通小狗分为三部分,头部、身体、四肢,每一部分都是从基本造型开始,在制作方法上没有太多技巧方面的要求,在制作中主要是把握好制作的细节、制作方法及步骤。

【制作步骤】

1．制作卡通狗头部

(1) 头

① 创建一个长方体,参数如图 5-5 所示。

② 将长方体转换成"可编辑多边形",选择如图 5-6 所示的面。在"编辑多边形"卷展栏中选择"挤出"选项,挤出效果如图 5-6(a)所示。

③ 利用移动和缩放工具调整卡通狗的嘴部造型,如图 5-6(b)所示。

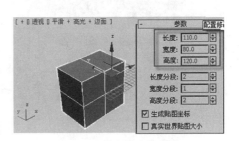

图 5-5　创建基本几何体

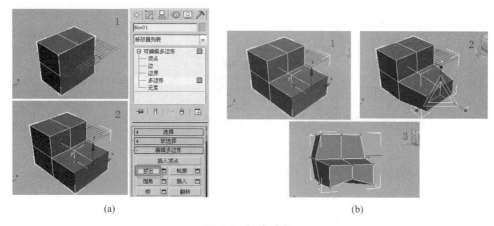

(a)   (b)

图 5-6　挤出嘴部

（2）鼻子的制作

① 选中嘴部上部的边进行"切角"操作，如图 5-7 所示。

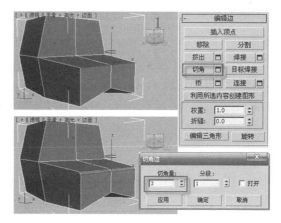

图 5-7　"切角"操作

② 选中如图 5-8(a)所示的多边形，进行零高度挤出。

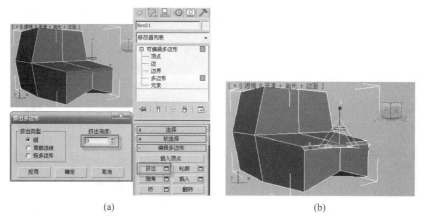

(a)   (b)

图 5-8　零高度挤出和沿 X 轴缩小

③ 将挤出的面沿 X 轴缩小,如图 5-9(b)所示。

④ 对该多边形进行一系列的"倒角"操作,制作卡通狗的鼻头的形状,如图 5-9 所示。

⑤ 继续对该多边形进行"倒角"操作,制作鼻头的造型,如图 5-10 所示。

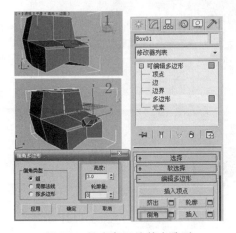

图 5-9 挤出鼻子的基本造型   图 5-10 制作鼻子

(3)眼眶的制作

① 选中图 5-11 所示的两个多边形,进行"按多边形"方式倒角操作。

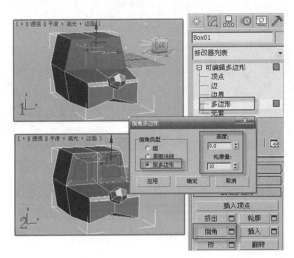

图 5-11 倒角制作眼眶

② 利用"边"的"环形"及"循环"命令,对这些边进行加选操作,如图 5-12 所示。

③ 选中如图 5-13 所示的边进行"连接"操作。

④ 调整出一侧眼眶的形状,如图 5-14 所示。

⑤ 对眼眶内的多边形进行较小高度的挤出,如图 5-15(a)所示。

⑥ 继续挤出眼窝真正的高度,完成眼睛部位造型制作,如图 5-15(b)所示。

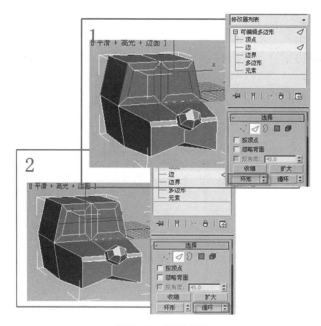

图 5-12　环形连接

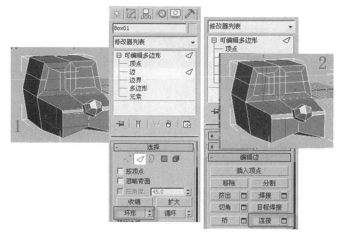

图 5-13　边的连接

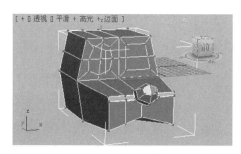

图 5-14　单侧眼眶的形状

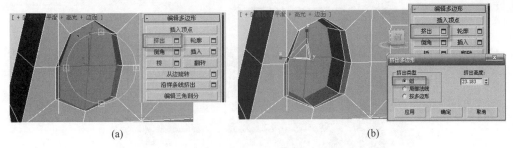

(a)　　　　　　　　　　　　　　　(b)

图 5-15　挤出

（4）制作耳朵

① 调整头顶部造型，再调整该模型的基本形状，如图 5-16 所示。

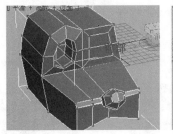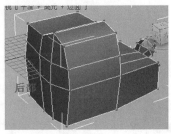

图 5-16　调整头部的结构线

② 在侧面使用"切割"命令添加一条边，如图 5-17 所示。

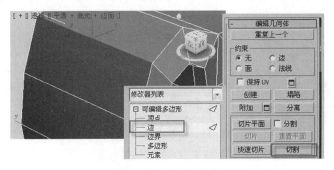

图 5-17　"切割"命令

③ 选中图 5-18 所示的多边形，对它进行零高度挤出后，沿 Y 轴缩小该多边形。

④ 连续执行"挤出"操作，制作出耳朵部位的造型，如图 5-19 所示。

⑤ 挤出耳朵的造型，并修改一下，得到如图 5-20 所示的造型。

（5）制作腮部和眼球

① 挤出腮部多边形，并调整腮部造型，如图 5-21 所示。

② 将卡通狗的右侧删除，如图 5-22 所示。

③ 调整卡通狗的整体布线结构，如图 5-23 所示。

④ 添加"对称"修改器，设置正确的轴向，并调整各个点，如图 5-24 所示。

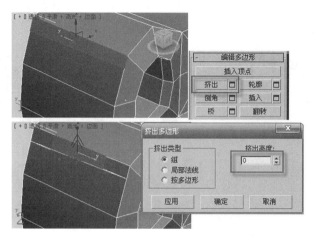

图 5-18　零高度挤出

图 5-19　挤出耳朵

图 5-20　完成耳朵的基本造型

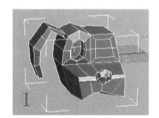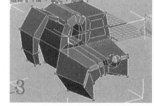

图 5-21　挤出腮部

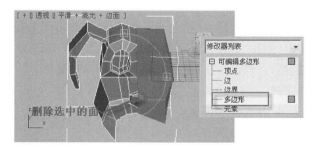

图 5-22　删除一半面

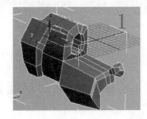
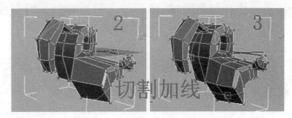

图 5-23　调整整体的布线结构

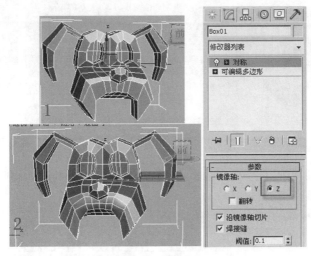

图 5-24　对称修改

⑤ 将卡通狗转换为"可编辑多边形"，并执行"涡轮平滑"命令，如图 5-25 所示。

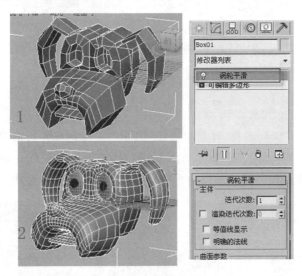

图 5-25　涡轮平滑

⑥ 创建球体并制作眼球,最后的卡通小狗的头部制作完成,如图 5-26 所示。

2. 制作卡通狗的身体

（1）上衣的制作

① 将制作好的卡通狗的头"冻结",作为参考。创建一个圆柱体,如图 5-27 所示。

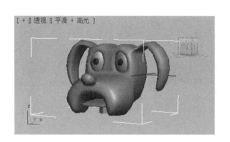

图 5-26　最后的头部模型　　　　图 5-27　建立圆柱体

② 将圆柱体转换为"可编辑多边形",删除圆柱体的顶面和底面,并调整点结构,完成基本型的制作,如图 5-28 所示。

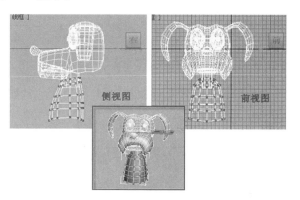

图 5-28　调整上衣基本造型

③ 进入"多边形"级别编辑,在前视图中,以中心对称选择左边的多边形面并删除,保留右边的部分,在规则物体的制作中,可以利用"对称"原理只制作角色身体、衣物的一侧的结构,其余部分在结构调整完成以后再制作就可以了,如图 5-29 所示。

图 5-29　删除上衣的右侧

④ 调整袖子的形状,利用面的"挤出"命令制作袖子,如图 5-30 所示。

图 5-30 调整袖子初始形状

⑤ 利用"多边形"的"挤出"命令,制作上衣的袖子和袖口,然后将袖口的面删除,如图 5-31 所示。

⑥ 执行"修改器列表"面板中的"对称"命令。

(2) 制作裤子

① 将上衣"冻结"作为参考,创建基本型,将该圆柱体转换为"可编辑多边形",并删除上下底面,如图 5-32 所示。

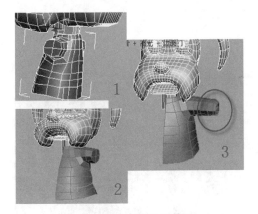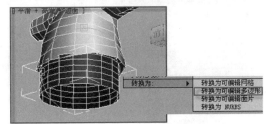

图 5-31 挤出袖子及袖口 **图 5-32 建立裤子的基本造型**

② 删除该多边形的一半并对点进行调整,调整出裤子的上腰部分,如图 5-33 所示。

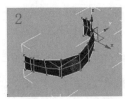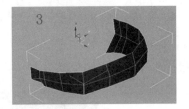

图 5-33 调整点的结构

③ 对裤子的上腰执行"对称"命令。

④ 制作裤腿。创建圆柱体,参数如图 5-34 所示,这里将裤子的上腰模型"冻结",作为裤腿的参考。

⑤ 将该圆柱体转换为"可编辑多边形",并删除上、下底,根据裤子上腰调整裤腿的基本模型,如图 5-35 所示。

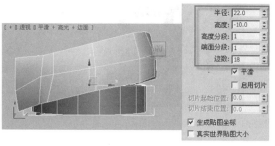

图 5-34　建立裤子的初始圆柱体

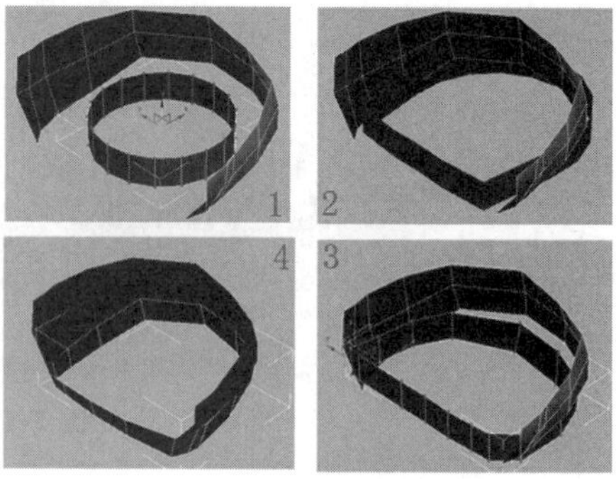

图 5-35　调整裤子的初始形状

⑥ 利用"边"的"挤出"命令,拉伸调整裤腿的长度,如图 5-36 所示。

⑦ 继续利用"挤出"命令,对裤腿接口处进行处理,完成小狗的裤子制作,如图 5-37 所示。

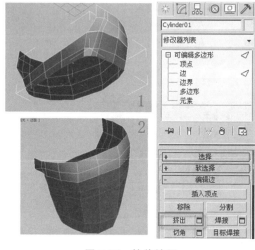

图 5-36　拉伸裤腿

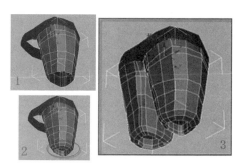

图 5-37　裤腿的完整效果

3. 制作卡通狗的四肢

(1) 袖笼的制作

① 将制作好的卡通狗的上衣"冻结",作为参考。创建一个圆柱体,如图 5-38 所示。

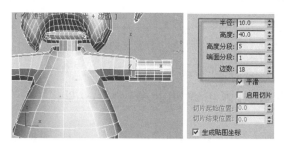

图 5-38　建立袖笼的基本造型

② 将模型转换为"可编辑多边形",对模型的点进行调整,如图 5-39 所示。

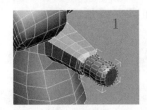

图 5-39 调整袖笼的点

(2) 手的制作

① 以已经建好的模型为参照,创建一个立方体作为手的基本模型,具体参数如图 5-40 所示。

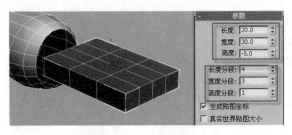

图 5-40 建立手的基本模型

② 将该立方体转换为"可编辑多边形",进入面级别,用面的"挤出"命令挤出手的 5 个手指头的基本形状,如图 5-41 所示。

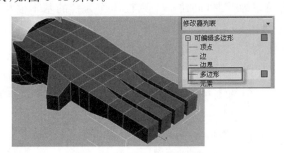

图 5-41 挤出手指的基本形状

③ 进入点级进行调整,然后添加一个 FFD 修改器,调整手的大体形状,注意指头根部的相对位置,不是在同一水平线上,如图 5-42 所示。

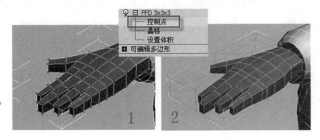

图 5-42 调整手的大体形状

④ 将手指头的间隔的面作出,如图 5-43 所示。

⑤ 为手加边,调整手的形状,使之圆滑,如图 5-44 所示。

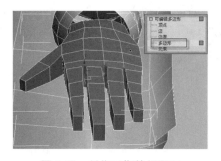

图 5-43　制作手指的间隔面

图 5-44　给手加线

⑥ 用加线的命令给手加骨点,同时用"挤出"命令调整手腕,如图 5-45 所示。

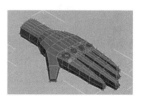

图 5-45　制作骨点和手腕

(3) 鞋的制作

① 以已经建好的模型为参照,创建一个圆柱体作为鞋的基本模型,具体参数如图 5-46 所示。

② 将该圆柱体转换为"可编辑多边形",并对多边形的面进行挤出,如图 5-47 所示。

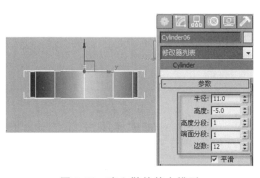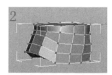

图 5-46　建立鞋的基本模型　　　　　图 5-47　制作鞋的后脚跟

③ 利用"挤出"命令,调整鞋的前部分,如图 5-48 所示。

(4) 卡通角色的最终完成

这里制作的鞋和手基本都是一侧的,可采用"镜像"命令来实现复制。完成的模型如图 5-49 所示。

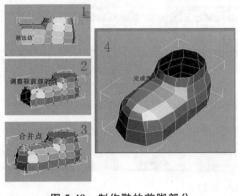

图 5-48 制作鞋的前脚部分

图 5-49 完整的模型

5.2 卡通角色材质的制作

5.2.1 头部的贴图 UV 坐标

（1）选择头部模型，为模型添加"UVW 展开"编辑器，在"参数"卷展栏中单击"编辑"按钮，可以看到模型的 UV 分布图是乱的，需要展平，如图 5-50 所示。

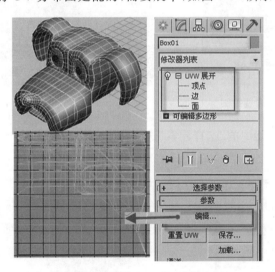

图 5-50 添加"UVW 展开"修改器

（2）在 UVW 编辑器中，进入"面"级别，选择"贴图"→"展平贴图"命令，将 UV 展平，如图 5-51 所示，可以看到展平的 UV 很细碎，需要调整。

（3）在作 UV 调整的时候，可以根据模型的最初设计效果，对 UV 进行整理，这里将分别对耳朵、鼻子、眼眶、嘴等内容进行整理。

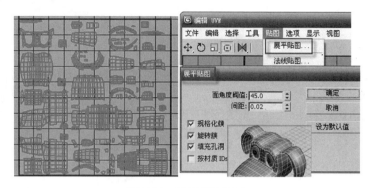

图 5-51　展平 UV 贴图

（4）耳朵 UV 的调整

① 观察模型的 UV，可以看到耳朵的 UV 和头顶部的 UV 是连着的，如图 5-52 所示。

② 进入"边"级别，选中边，运用 UV 编辑器中的"断开"命令将耳朵的 UV 切割，如图 5-53 所示。

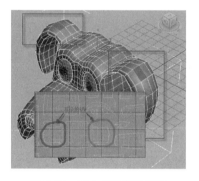

图 5-52　耳朵 UV 未展平图

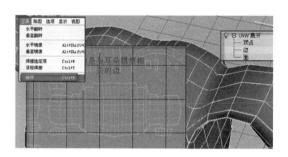

图 5-53　耳朵 UV 未展平图

③ 运用 UV 编辑器中的"选择元素"选项和"工具"菜单中的"缝合选定项"选项调整耳朵的一侧 UV，如图 5-54 所示。

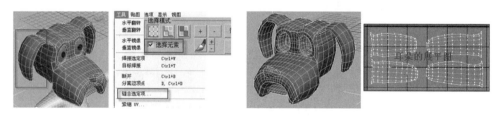

图 5-54　耳朵 UV 的展平图

（5）用同样的方法，展平眼睛的 UV 和鼻子的 UV，如图 5-55 所示。

（6）头部的其他部分的 UV 展平部分方法同上，此处省略，头部 UV 的展平图如图 5-56 所示。

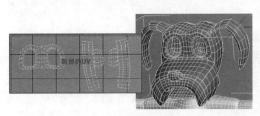
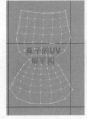

图 5-55　眼睛 UV 的展平图

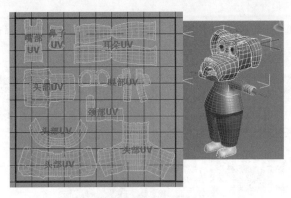

图 5-56　头部 UV 的展平图

【注意提示】

在展平头部 UV 时,要根据原始设计的头部色彩设计,将不同色调的 UV 尽量分开,以方便在平面软件中绘制贴图。

(7) 从 UV 编辑器中导出头部 UV 的展平图,选择"渲染 UVW 模板"选项,如图 5-57 所示,最后导出平面图。

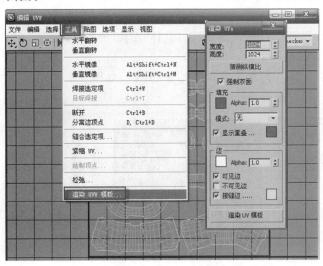

图 5-57　头部 UV 输出

5.2.2 身体的贴图 UV 坐标

身体 UV 贴图的制作方法与头部 UV 的制作方法是一样的。下面对上衣和裤子两部分分别介绍。

1. 上衣的 UV 制作

（1）选择"衣服"模型，为模型添加"UVW 展开"编辑器，在"参数"卷展栏中单击"编辑"按钮。

（2）在 UV 编辑器中，进入"面"级别，选择"贴图"→"展平贴图"命令，将 UV 展平，如图 5-58 所示，可以看到展平的 UV 需要调整。

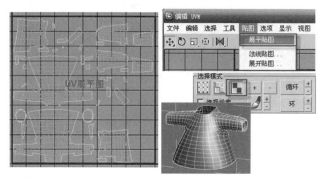

图 5-58　展平上衣的 UV

（3）用与头部 UV 相同的方法调整上衣的 UV，如图 5-59 所示。

2. 袖笼的 UV 制作

（1）选择"袖笼"模型，为模型添加"UVW 展开"编辑器，在"参数"卷展栏中单击"编辑"按钮。

（2）在 UV 编辑器中，进入"面"级别，选择"贴图"→"展平贴图"命令，将 UV 展平，可以看到展平的 UV 需要调整。

（3）用与头部 UV 相同的方法调整袖笼的 UV，如图 5-60 所示。

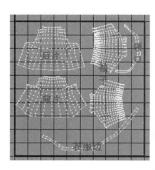
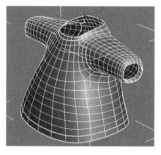
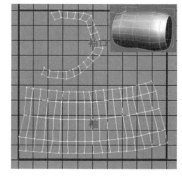

图 5-59　上衣的 UV 展平图　　　　**图 5-60　袖笼 UV 的展平图**

3. 裤子的 UV 制作

（1）制作裤腰的 UV 展平图，如图 5-61 所示。
（2）制作裤子的 UV 展平图，如图 5-62 所示。

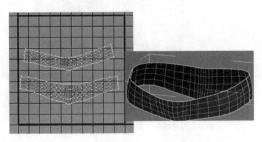

图 5-61　裤腰 UV 的展平图

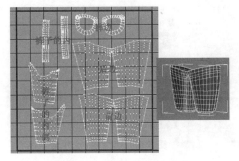

图 5-62　裤子 UV 的展平图

4. 导出平面位图

将以上的 UV 展平图，导出为 JPG 格式的平面位图文件，以备在平面软件中绘制贴图。

5.2.3　绘制贴图

1. 头部贴图的绘制

（1）在 Photoshop 程序中打开头部的 UV 文件，添加新层作为卡通狗的皮肤层，如图 5-63 所示。
（2）绘制人物脸部的斑纹。新建一个 50×50 像素大小的文件，选用大小为 1 的笔刷在上面随意绘制点，然后执行"编辑"→"定义画笔预设"命令定制为脸部贴图的笔刷，如图 5-64 所示。

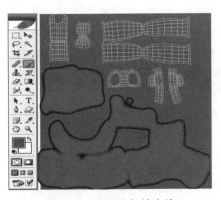

图 5-63　绘制头部的皮肤

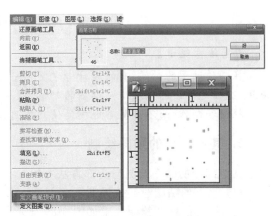

图 5-64　定制笔刷

（3）使用画笔工具绘制嘴部的斑点贴图，在制作时要参考完成好的 UV 的贴图线框，如图 5-65 所示。

（4）用同样的方法绘制嘴部、眼部的贴图，图 5-66 所示为卡通狗的颜色贴图。

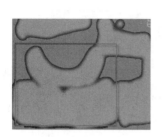

图 5-65　绘制脸部斑点

图 5-66　绘制狗的颜色贴图

（5）制作完成色彩贴图以后，就可以制作高光贴图了，选择文件，执行"图像"→"调整"→"色相/饱和度"命令，打开"色相/饱和度"面板，将"饱和度"值调整为－80，使得图像的饱和度降低，调整"色相"值为80，最终的效果如图 5-67(a)所示。

（6）继续制作凹凸文件，选择文件，执行"图像"→"调整"→"色相/饱和度"命令，打开"包相/饱和度"面板，将"饱和度"值调整为－80，使得图像的饱和度降低，然后使用画笔工具来调整细节，最终效果如图 5-67(b)所示。

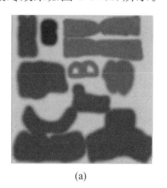　

(a)　　　　　　　　　　　　(b)

图 5-67　绘制狗的高光贴图

💡【注意提示】

在制作贴图的时候，有的设计者常常用一张色彩贴图作为凹凸贴图和高光贴图反复使用，这样是错误的。在绘制贴图的时候，每一种贴图都有单独的色调和强调的重点，需要去把握和制作，而不是简单地重复使用就可以完成的。

2. 其他部分的贴图绘制

其他部分的贴图绘制与头部方法一样。

（1）上衣的贴图绘制效果如图 5-68 所示。

（2）袖笼的贴图绘制效果如图 5-69 所示。

（3）裤子的贴图绘制效果如图 5-70 所示。

（4）裤腰的贴图绘制效果如图 5-71 所示。

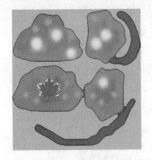

图 5-68 绘制狗的上衣贴图

图 5-69 绘制狗的袖笼贴图

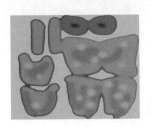

图 5-70 绘制狗的裤子贴图

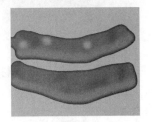

图 5-71 绘制狗的裤腰贴图

5.2.4 制作卡通角色材质

制作完贴图以后,就可以给角色赋予材质了,分为头部、上衣等部分。

材质的制作

(1)头部材质的制作。打开材质编辑器,将前面绘制的颜色、高光和凹凸贴图分别放置到各个通道内,具体参数如图 5-72 所示。

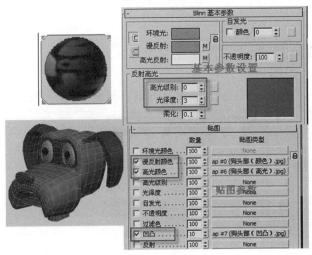

图 5-72 头部材质

（2）上衣材质的制作。进入材质编辑器，具体参数如图 5-73 所示。

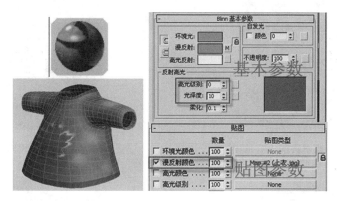

图 5-73　上衣材质

（3）裤子材质的制作。进入材质编辑器，具体参数如图 5-74 所示。

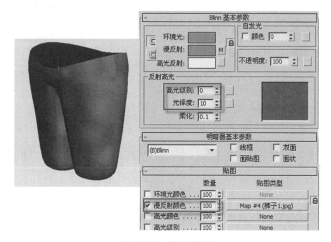

图 5-74　裤子材质

5.2.5　最终渲染效果

执行"渲染"→"渲染设置"命令，参数如图 5-75 所示，渲染完成。

图 5-75　渲染参数设置

5.3　游戏场景制作

5.3.1　游戏场景的概念及重要性

在游戏设计过程中,游戏场景是整个游戏格调和气氛渲染的重要部分,也是决定游戏观感的主要视觉要素。从游戏发展过程可以看出,使游戏场景画面具备带有一定的卡通成分,色彩饱满以及画面亮丽等特点成为当今游戏设计者在设计游戏时的普遍模式和标准。

在这一节中,将继续学习 MAX 的建模技巧,并学习如何整合一个完整的游戏场景。通过学习,了解游戏场景制作的一些技巧和方法,在制作中通过实例的手法来掌握基本的制作方法,提高制作速度。学习的重点主要是建模的技巧和制作中的一些专业的手法问题。

5.3.2　室外游戏场景的模型制作

本节中将制作一个城堡建筑模型,如图 5-76 所示。

【案例分析】

这座建筑模型包含主体、门楼、台阶等,制作中要根据具体的情况制作相应的装饰物,根据每个模型的特点来应用不同的制作方法。

【制作步骤】

1. 构筑建筑的主体

(1) 打开 MAX 软件,单击"创建"面板"几何体"选项卡中的"长方体"按钮,创建 80×80×80 的长方体,分段数均为 8,如图 5-77(a)所示。

(2) 选择长方体,进行"FFD 变换",如图 6-77(b)所示。

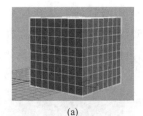

(a)

(b)

图 5-76　城堡建筑　　　　　　　图 5-77　创建长方体

（3）对以上模型顶部的面执行"修改器列表"中执行"编辑网格"命令，将该多边形的面利用挤压工具拉伸出一个厚度，然后利用缩放工具来调整顶部的面，如图 5-78 所示。

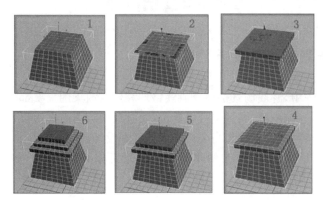

图 5-78　顶部制作步骤

（4）选择立方体的顶部中间的面，利用挤压工具将多边形面向里推进，制作出一个凹下去的面，再利用缩放工具来调整顶部的面的结构，具体步骤如图 5-79 所示。

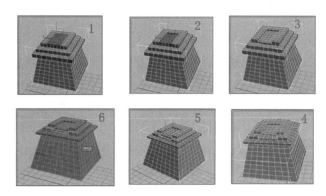

图 5-79　调整顶部的面

（5）用同样的方法在模型的侧面制作一个入口，如图 5-80 所示。

（6）选择立方体顶部的边，对物体的边进行倒角处理，在制作时适当调整倒角参数，使得输出的倒角的尺寸和物体的比例符合要求，如图 5-81 所示。

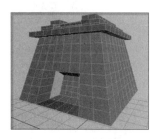

图 5-80　制作模型的侧面

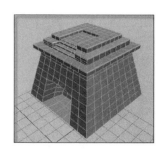

图 5-81　执行"倒角"命令

2. 制作门楼

（1）创建长方体，如图5-82（a）所示。

（2）对该长方体执行"修改器"→"网络编辑"→"编辑网格"命令，对边执行"倒角"命令，如图5-82（b）所示。

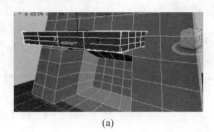 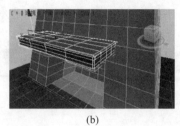

(a)   (b)

图5-82 创建长方体

（3）用"车削"命令生成门柱，在右视图中用"线"工具绘制门柱，如图5-83所示。

（4）复制门柱，效果如图5-84所示。

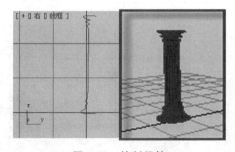 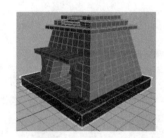

图5-83 绘制门柱   **图5-84 复制门柱**

3. 制作小楼梯

（1）单击"创建"面板"几何体"选项卡中的"长方体"按钮，创建30×40×－2的长方体，分段为1×5×1。

（2）对以上模型的面执行"修改器"→"网络编辑"→"编辑网格"命令，将该多边形的面利用"挤出"工具拉伸出楼梯的台阶，如图5-85所示。

4. 制作石阶

（1）单击"创建"面板"几何体"选项卡中的"长方体"按钮，创建10×10×1的长方体，分段为5×5×1。

（2）对该长方体执行"修改器"→"网络编辑"→"编辑网格"命令，对多边形的边进行"切割"操作，制作裂缝的效果，如图5-86所示。

利用面的"切割"命令在立方体上增加新的面，并调整点的位置，为立方体的边增加细节，使物体具有裂痕和变化，并对面上的点进行调整，使物体变得不规则，增加其变化。

（3）选择物体，沿Y轴进行复制，复制完成后，对每个石块的大小和方向进行调整，尽量避免统一的痕迹,增加变化可以使画面看上去不会呆板,体现出物体固有的真实感,再将这一组沿 X 轴复制,如图 5-87 所示。

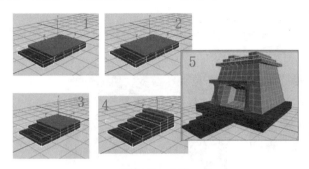

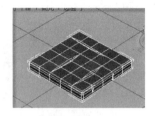

图 5-85　台阶　　　　　　　　　　　　　图 5-86　　制作裂缝

（4）将制作完成的石阶重复复制,然后通过变形等操作修改成石板。在制作中可以合理利用现有的元素。通过变形等手段来修改成不同的元素。该游戏场景模型完成后的效果如图 5-88 所示。

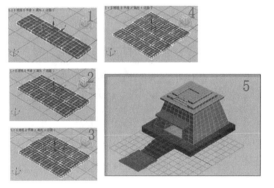

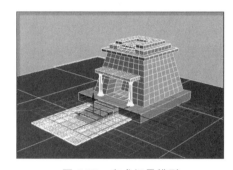

图 5-87　　制作石阶　　　　　　　　　　图 5-88　　完成场景模型

台阶和石板主要是用复制和变形等方法进行制作,在制作过程中需要多次用到复制功能,这里石板的制作无特别的架桥,需要注意的是增加些细节和变化,避免制作呆板。

5.3.3　调整模型与 UV

模型制作完成,下面的工作是要给建筑添加材质。这里将以主体的材质为例,详细介绍 MAX 建立游戏材质的过程,首先是模型 UV 的划分和拼接。

（1）选中建筑的主体右击,将物体转换为"可编辑多边形"。

（2）对该模型执行"修改器"→"UV 坐标"→"UVW 展开"命令,并对主体模型的面展开 UV 面,单击"编辑"按钮。

（3）弹出 UV 编辑窗口,可以看出模型的 UV 很乱。

（4）选择全部 UV 执行贴图展平命令,如图 5-89 所示。

（5）为模型制作一个棋盘格贴图作为测试纹理,如图 5-90 所示,可以看到材质的纹理有拉伸。

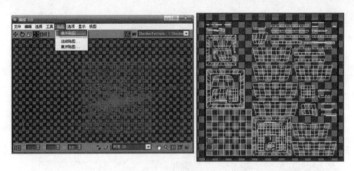

图 5-89 展平 UV

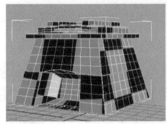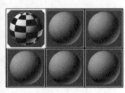

图 5-90 添加测试纹理

(6) 对 UV 进行按面缝合,选择一个侧面进行操作,断开边,如图 5-91 所示。

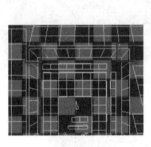

水平翻转	
垂直翻转	
水平镜像	Alt+Shift+Ctrl+N
垂直镜像	Alt+Shift+Ctrl+M
焊接选定项	Ctrl+W
目标焊接	Ctrl+T
断开	Ctrl+B
分离边顶点	D, Ctrl+D
缝合选定项…	
紧缩 UV…	
绘制顶点	
松弛…	
渲染 UVW 模板…	

图 5-91 断开边

(7) 选择缝合 UV 命令,如图 5-92 所示。

选择模型的一组 UV 点,当看到视图中同样的贴图部分的边也相应的变色时,说明这些边是公用的,可以把它们缝合起来。

(8) 在 UV 编辑窗口中 UV 最终编辑效果如图 5-93 所示,用棋盘格作为测试纹理,调整 UV 纹理,直至模型的测试纹理没有变形和拉伸。

(9) 最后导出 UV 编辑图,执行 UV 编辑器中的"工具"→"渲染 UVW 模板"命令,单击"渲染 UV 模板"按钮,得到 UV 图。

(10) 单击 📷 存盘按钮,将此图存为 JPG 格式的图片。

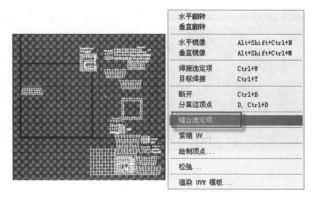

图 5-92　缝合 UV

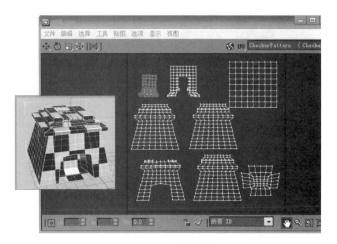

图 5-93　UV 最终的编辑图

（11）最后 UVW 的图片文件效果如图 5-94 所示。

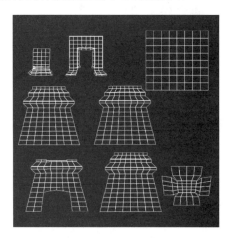

图 5-94　最终渲染图

5.3.4 室外游戏场景的材质

1. 主体模型贴图的制作

（1）在 Photoshop 中制作贴图。打开 Photoshop，从对应目录中打开文件图，进行编辑。

（2）选择一个砖块的纹理贴图作为材质的纹理，将文件的尺寸改为 80×80 像素的大小，然后选择全部，执行"编辑"→"定义图案"命令，将文件作为一个图案纹理，如图 5-95 所示。

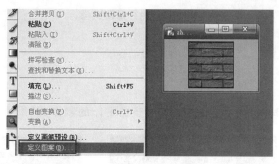

图 5-95 定义砖墙贴图

（3）在 UV 贴图文件上建立新的图层，执行"编辑"→"填充"命令，在填充内容中选择自定义图案填充方式，然后在新图层上给选择框内填充图案纹理，以此方法将图中的建筑物的展平图都填充图案，如图 5-96 所示。

（4）选择收集好的浮雕贴图文件，给贴图增加浮雕的图案，用鼠标将贴图拖至纹理贴图上，然后利用缩放和剪裁工具进行调整，选择"滤镜"→"风格化"→"浮雕效果"命令，贴图浮雕效果如图 5-97 所示。

图 5-96 填充自定义图案

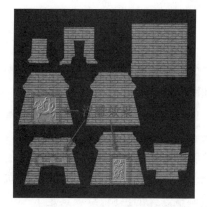

图 5-97 整体贴图的浮雕效果

（5）下面需要给这个砖石的纹理增加陈旧的效果。选择一个笔刷给它增加黑色的污迹般的感觉，单击笔刷选项栏，可以选择不同的笔刷工具。绘制完成后，可能会感觉色彩的效果太沉重，可以执行"滤镜"→"模糊"→"高斯模糊"命令，给贴图增加模糊效果，如

图 5-98 所示。

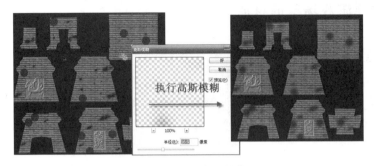

图 5-98　执行高斯模糊

（6）渲染效果如图 5-99 所示。

2. 门楼及其他的材质制作

场景中，门楼及其他部分模型的贴图可参见主体的制作，效果如图 5-100 所示。

图 5-99　主体贴图效果

图 5-100　其他模型效果

5.3.5　游戏场景中灯光的设置

（1）在场景中建立一盏目标聚光灯作为主光源，这是三点照明中的主光源的设置，效果如图 5-101 所示。

（2）将灯光的强度数字（倍增）调整为 1，灯光强度值是一个重要的基本参数，通过调整它的大小可以控制照明的亮度，单击灯光属性栏中的色彩区域，打开色彩调节器，将灯光的色彩属性调整为如图 5-102 所示，通过调整灯光的色调，给场景定下一个暖黄色的基调。

（3）调整聚光灯参数。在"聚光灯参数"卷展栏中，设置"聚光区/光束"值为 43，"衰减区/区域"值为 60。

图 5-101　创建聚光灯

（4）设置灯光的阴影属性。在"常规参数"卷展栏中，勾选阴影"启用"复选框，调整阴影参数后效果如图 5-103 所示。

图 5-102　调整聚光灯的颜色

图 5-103　阴影参数设置

（5）这样主光源就设定完成了。下面设定辅助光源，基本的设定步骤和主光源的设定类似，须注意的是要把灯光的强度数值设定为主光源强度的一半，即 0.5，辅助光源的阴影设置不要打开，效果如图 5-104 所示。

将辅助光的位置调整到与主光源相对应的位置，作为阴影部分的灯光的照明，一般都将辅助光的位置调整到与主光源的轴向相反的位置，强度一般设定为主光源的 1/2 或 1/3，这样可以使画面具有合适的明暗对比效果。

（6）在场景中建立一盏泛光灯作为背光源。

在灯光的调整中，要注意的是各个灯光的位置和阴影的关系，设置的阴影可能会随着时间的变化而变化，在制作中需要根据游戏的设定来调整灯光的角度和位置。

（7）选择"创建"→"辅助对象"→"大气装置"→"球体 Gizmo"命令，在顶视图中创建一个半径为 150 的球形线框，在"球体 Gizmo 参数"卷展栏中勾选"半径"复选框，效果如图 5-105 所示。

图 5-104　辅助光源的强度设置

图 5-105　添加大气效果

（8）按 8 键打开"环境和效果"窗口，在"大气"卷展栏中单击"添加"按钮，在打开的对话框中选择"体积雾"选项，添加体积雾效果。

（9）选择"体积雾"效果，在"体积雾参数"卷展栏中单击"拾取 Gizmo"按钮，按 H 键选择球形线框。

（10）在 Gizmo 选项组中的参数设置如图 5-106 所示。

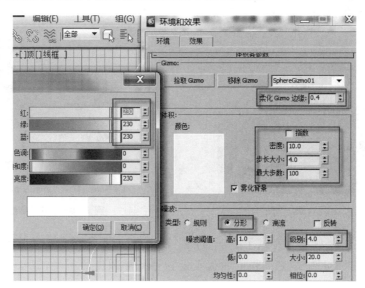

图 5-106　Gizmo 参数设置

（11）渲染输出，最终渲染效果如图 5-107 所示。

图 5-107　最终渲染效果

【本章小结】

本章主要介绍了用多边形方法建立角色的基本方法和游戏场景的设置。通过本章的学习，应该能够：

- 掌握角色模型的基本结构及制作的过程和技巧，包括在平面软件中角色贴图的制作技巧，在 MAX 中角色人物的制作方法等。
- 掌握游戏场景的创建方法和过程。

【**课堂实训**】

1. 综合前面所学的例子,设计一个卡通角色或动物,如图 5-108 所示。

任务:

(1) 要求完成手绘的原画设计;

(2) 用 3ds Max 软件完成卡通角色的制作;

(3) 制作时,可参考实例中的方法,但要求造型准确,体现细节;

(4) 渲染输出为图片格式的文件。

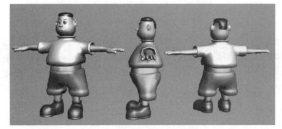

图 5-108 卡通角色参考

2. 运用本章所学的知识制作一间房子,制作时要注意表现房子的陈旧的自然感觉。

第6章

游戏角色动画

【本章导读】

　　3ds Max 2011 的应用领域很广泛,它的动画的设置比较之前的版本有所提升。本章将通过海马的简单动画以及简单人物的行走动作的制作,介绍用 3ds Max 2011 创建骨骼,给骨骼附加动画,蒙皮,调整封套参数等一系列的操作过程,并简单介绍各种骨骼的基本创建功能。

【技能要求】

　　(1) 掌握创建骨骼的基本方法,熟练掌握为简单生物模型附加动画的方法;
　　(2) 掌握 IK 解算器的使用和 Biped 骨骼创建方法;
　　(3) 掌握为 Biped 附加简单行走动画的使用方法。

6.1　简单模型的绑定及动作设定

　　一切非双足模型(例如多足类蜘蛛、章鱼、单足类鲨鱼、海马等)的动作适合用简单的骨骼工具。这种骨骼设定的优点是创建自主性强,可以根据不同情况自主创建所需的骨骼;缺点是创建过程和逻辑性强的动作调整相对复杂,添加动画时需要设置 IK 解算器。

6.1.1　骨骼工具简单介绍

　　现在将"骨骼工具"窗口命令介绍一下,在菜单栏中打开"动画"菜单选择"骨骼工具"命令,就可打开"骨骼工具"窗口,如图 6-1 所示。

　　在下面的创建海马案例中,一般用到的是创建骨骼、骨骼编辑模式和鳍调整工具。

　　【创建骨骼】　单击此按钮后即可创建骨骼,创建完成后右击退出创建。

　　【骨骼编辑模式】　调整修改骨骼位置及大小时先单击"骨骼编辑模式"按钮,调整骨骼位置及大小完成后再次单击"骨骼编辑模式"按钮退出编辑状态。

　　"鳍调整工具"卷展栏用来给骨骼添加鳍,调整参数改变鳍大小、长宽等。

　　下面详细介绍一下鳍的调整,以侧鳍的调整为例,如图 6-2 所示。

图 6-1　骨骼工具

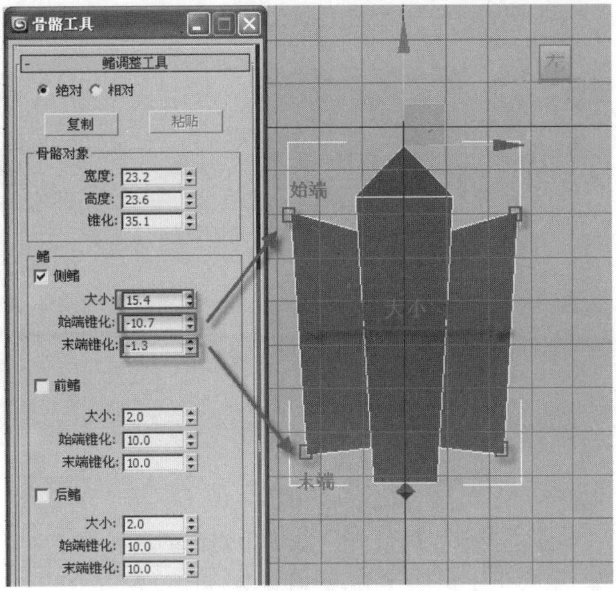

图 6-2　鳍调整工具

【大小】　控制鳍的宽度,调整参数可使其发生左右位移。

【始端锥化】　控制始端位置的形变,调整参数可使其发生上下位移。

【末端锥化】　控制末端位置的形变,调整参数可使其发生上下位移。

6.1.2　海马动画案例操作

【案例分析】

下面以一个实际案例的制作过程讲述简单模型的动画设定和制作。分析海马的动作规律,海马是以腰部为中心,头部和尾巴可以产生不同的运动,从而达到在水中向前游动的效果。

【制作步骤】

1. 创建海马骨骼

(1) 打开本书案例文件夹中的"第 6 章\模型-海马.max"文件,然后转换到右视图,如图 6-3 所示。

(2) 为了方便骨骼的调整先选中模型,再将它透明化显示(按快捷键 Alt+X),如图 6-4 所示。

图 6-3　海马模型

(3) 创建骨骼时为了方便操作,使调整时不会误选模型,在此选中模型右击,在快捷菜单中选择"冻结当前选择"命令,如图 6-5 中的红框所示。

图 6-4　透明化显示

图 6-5　冻结当前选择

（4）在菜单栏的"动画"选项中，选择"骨骼工具"命令打开"骨骼工具"面板，从"起点"开始，依次单击尾部关节，最后在"终点"位置右击结束（共创建 9 节骨骼）。

创建完成第一部分骨骼后关闭"创建骨骼"按钮。创建骨骼时，可以不必太关注准确的位置。接下来单击"骨骼编辑模式"按钮，选中部分骨骼调整骨骼的位置，同时在左视图、前视图中检查骨骼是不是在模型里，在前视图中检查骨骼的位置，确保整个骨骼结构均位于角色腿部以内。如果在前视图中骨骼不在腿部以内，通过移动最顶部的骨骼移动整个结构，如图 6-6 所示。

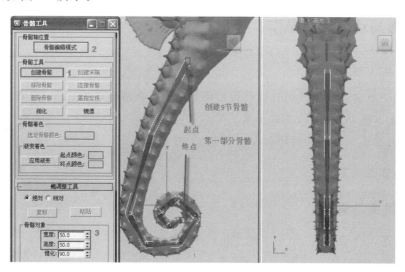

图 6-6　创建第一部分骨骼

（5）选中所有的骨骼，展开"鳍调整工具"卷展栏，在"骨骼对象"选项组中调整"宽度"、"高度"值均为 50，如图 6-6 所示。

（6）开始创建第二部分骨骼，从"起点"开始，依次单击尾部关节，最后在"终点"位置右击结束（共创建 8 节骨骼），同上个步骤进行调整，如图 6-7 所示。

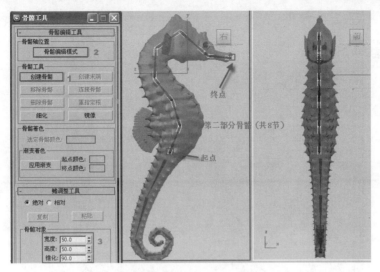

图 6-7 创建第二部分骨骼

（7）在每节骨骼上创建鳍，为了以后方便添加控制和设置角色动画，单独处理每个骨骼，使每个骨骼的鳍接近角色躯干的体积，这样有助于有效地设置骨骼动画。在"骨骼工具"窗口中，展开"鳍调整工具"卷展栏，启用"侧鳍"、"前鳍"和"后鳍"，如图 6-8 所示。调整每个鳍的"大小"参数，直到臀部骨骼大约填满网格的 3/4，如图 6-9 所示。在"左"视图窗口和"前"视图窗口中检查骨骼的位置。

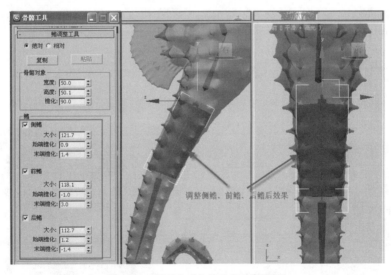

图 6-8 "侧鳍"、"前鳍"、"后鳍"调整

（8）将第一部分（尾部到腰部）及第二部分（腰部到海马嘴部）的骨骼用 （连接）工具连接在一起，如图 6-10 所示。

（9）设置 IK 链，3ds Max 中有多种 IK 解算器，每个解算器有不同的用途和用法。若要装配手臂和腿，HI 解算器最有效并且最容易使用。HI 解算器用于处理两块或两块以

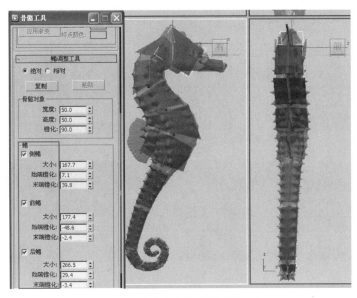

图 6-9 骨骼大约填满网格的 3/4

上的骨骼组成的、仅向一个方向弯曲的链(例如膝部和肘部)。设置角色腿部的装备时将使用这种解算器。

2. 设置 IK 链连接

(1) 在视图空白处右击,选择"全部解冻"命令,再选中模型右击,选择"隐藏选定对象"命令,如图 6-11 所示。

图 6-10　连接两段骨骼

图 6-11　隐藏选定对象

（2）选中尾部骨骼"起始端"（Bone001），选择"动画"→"IK 解算器"→"HI 解算器"命令，在移动光标时，将会看到一条虚线从 BoneHip 伸出，现在将选择定义 IK 解算器的另一端的骨骼 Bone004，创建 IK 1 链的末端，如图 6-12 所示。

（3）按上述方法选择骨骼 Bone004，创建其他 IK 链，选择"动画"→"IK 解算器"→"HI 解算器"命令，在移动光标时，将会看到一条虚线从 Bone004 伸出到另一端骨骼 Bone007，创建 IK2 链的末端，如图 6-13 所示。

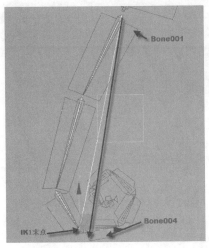

图 6-12　创建 IK1 链末端

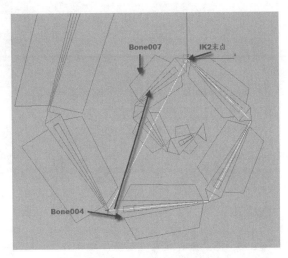

图 6-13　创建 IK2 链末端

（4）同理选择骨骼 Bone007，到骨骼 Bone010 建立 IK3 末端，如图 6-14 所示。

【注意提示】

究竟在哪些骨骼之间建立 IK 关系，取决于模型的动作规律。

（5）同理创建躯干（第二部分）骨骼的 IK 链，选择 Bone011，执行"动画"→"IK 解算器"→"HI 解算器"命令，再移动光标到 Bone014，创建 IK4 链的末端，如图 6-15 所示。

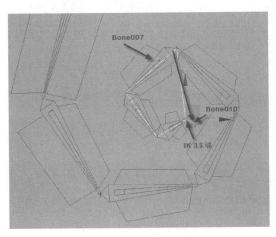

图 6-14　创建 IK3 链末端

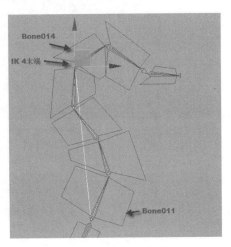

图 6-15　创建 IK4 链末端

（6）同理创建躯干（第二部分）骨骼的 IK 链，选择 Bone014，执行"动画"→"IK 解算器"→"HI 解算器"命令，再移动光标到 Bone019，创建 IK5 链的末端，如图 6-16 所示。

（7）在公共工具条中的选择过滤为"IK 链对象"，用 ![icon]（连接）工具将 IK1、IK2、IK3 链连接在一起，如图 6-17 所示。

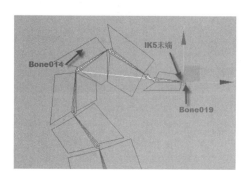

图 6-16　创建 IK5 链末端

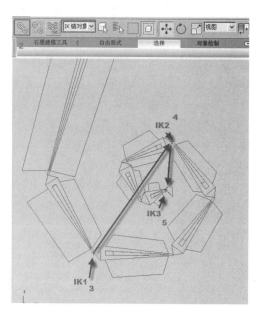

图 6-17　连接 IK1、IK2、IK3 链

（8）在公共工具条中的选择过滤为"IK 链对象"，同理将 IK4、IK5 链连接在一起，如图 6-18 所示。

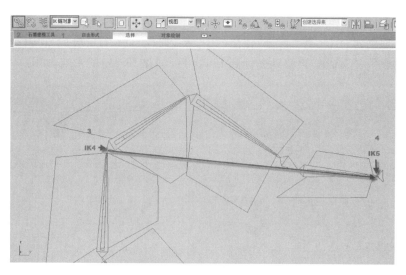

图 6-18　连接 IK4、IK5 链

（9）转到第 10 帧,启用自动关键点,如图 6-19 所示。红圈处为自动关键点位置。

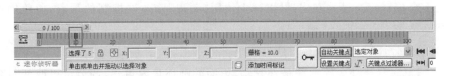

图 6-19　设置关键帧动画

（10）分别拖动 IK1、IK2、IK3、IK4、IK5 链的十字（选中时为白色,非选中时为蓝色）,
调整 IK 链的动作,禁用自动关键点,如图 6-20 所示。

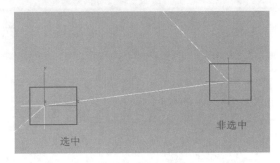

图 6-20　选中时为白色,非选中时为蓝色

（11）滑动时间轴检查 IK 链动作。

3. 蒙皮设置

（1）在视图空白处右击打开快捷菜单,全部取消隐藏。

（2）将骨骼与角色模型网格关联,以便骨骼使模型网格变形,此过程称为蒙皮。在
3ds Max 中,使用"蒙皮"修改器设置角色蒙皮,如图 6-21 所示。转到第 0 帧,选择"海马"
模型,按快捷键 Alt＋X 将物体变成实体,在"修改"面板中添加"蒙皮"选项,如果已对角

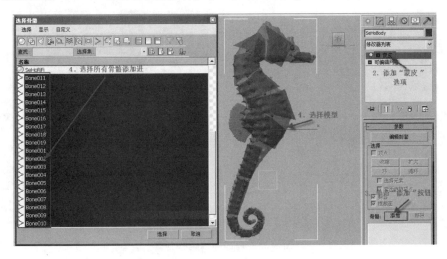

图 6-21　海马模型"蒙皮"

色应用了"网格平滑"修改器,如此例中所示,通常在堆栈中将"蒙皮"修改器应用在"网格平滑"之下会更好。通过此方法,可以减少使用"蒙皮"修改器控制的顶点,角色仍可以在堆栈的"网格平滑"级别平滑地变形。

(3) 单击骨骼"添加"按钮,将所有骨骼都添加上,如图 6-21 所示。

(4) 编辑封套。外面的圆环是外封套,里面的圆环是内封套,调节可以改变封套影响的范围,使用大小操作柄调整其大小,如图 6-22～图 6-24 所示。

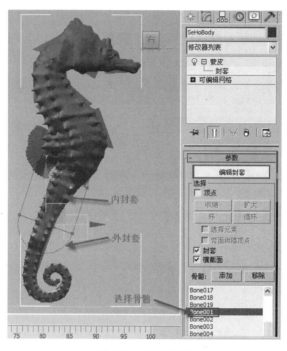

图 6-22　编辑封套

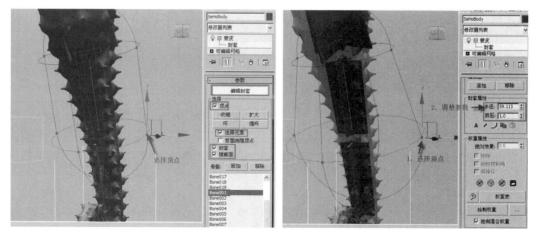

图 6-23　局部编辑调整封套

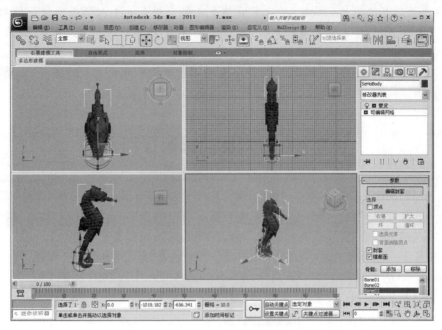

图 6-24　各视图封套调整

（5）按 H 键将所有骨骼隐藏，单击"播放"按钮就可以看到所做的动作，如图 6-25 所示。

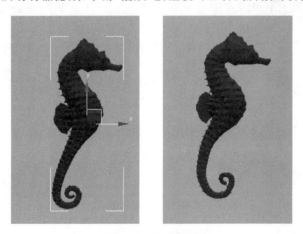

图 6-25　隐藏骨骼

🖌【知识拓展】

（1）层级概念：将两个物体链接在一起后，就相应的生成了一个"父子"关系，当对父物体进行移动时子物体也会跟着移动。如果仅有两个物体就是一对父子关系，如果多于两个物体时，其中有些物体既是父物体，又是子物体，因为它被链接到其他物体上，同时又链接到另外的物体上。如人类家谱中的爷爷、爸爸、孙子，爸爸是爷爷的子物体，爸爸又是孙子的父物体，他们是相对而言的。

（2）反向运动学（Inverse Kinematics，IK），是一种与正向运动正好相反的运动学系统，它主要操纵层级中的子物体，从而影响整个层级。例如一个人的手臂链接结构，如果是正向运动学系统，那么需要旋转大臂，才能带动小臂，接着带动手腕、手等；如果应用反向动力学系统，仅仅移动手腕就可以带动小臂和大臂。

（3）HI 解算器：HI（历史独立型）解算器对角色动画和序列较长的任何 IK 动画而言是首选方法。

6.2 人物模型的绑定及动作

Biped 适用于所有双足角色，例如人物、人型生物等，它与骨骼工具有所区别，它是 3ds Max 里自带的现成的骨骼工具。人体类型的动作适合用 Biped 骨骼工具。这种骨骼设定的优点是方便快捷；缺点是自主性不强，不能随意添加其他骨骼链。

下面将 Biped 面板的命令逐条介绍一下。Biped 在“创建”面板的“系统”选项卡中，“创建方法”分为“拖动高度”和“拖动位置”，可自己体验一下不同的创建方法。创建前先在“躯干类型”选项组的“骨骼”选项中调整好想要的参数，如图 6-26 所示。

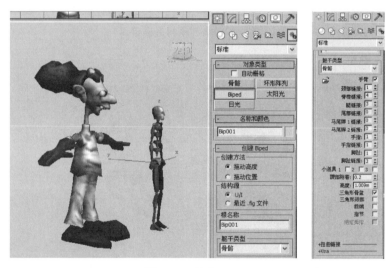

图 6-26 创建 Biped

【案例分析】

本案例以 3ds Max 官方教程中提供的“小怪物”模型作为基础，进行 Biped 骨骼的设定和制作。首先创建 Biped 骨骼，并根据模型的大小调整 Biped 骨骼的内容与大小，然后进行蒙皮和动画设定。

【制作步骤】

1. 创建 Biped 骨骼

（1）打开本书案例文件夹中的“第 8 章\模型-小怪物.max”文件，找到前视图，如图 6-27 所示。

（2）选中模型将它透明显示，如图6-28所示。

图6-27　小怪物模型

图6-28　透明显示

（3）选择当前模型右击，打开快捷菜单，选择"冻结当前选择"命令，将当前的模型"冻结"起来，如图6-29所示。

（4）创建Biped骨骼，从脚部开始拖动鼠标到如图6-30所示的位置。

图6-29　冻结当前选择

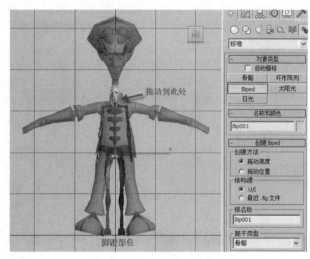

图6-30　拖动骨骼

（5）调整骨骼与模型匹配。

① Biped骨骼的参数设置时，按F3键将骨骼及小怪物模型线框显示。选中Bip001（修改骨骼需要选中Bip001），调整骨骼"质心"，如图6-31所示。

② 在运动模块中启用形体模式（启用形体模式才能调整骨骼的大小、位置），如图6-32所示。

③ 利用缩放、移动工具调整右半侧的骨骼位置及大小，如图6-33所示。

④ 将右侧的腿"姿态"复制到左侧的腿

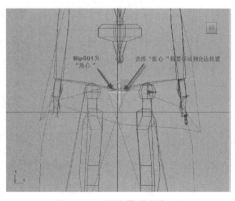

图6-31　调整骨骼"质心"

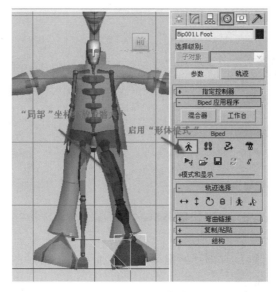

图 6-32　启用形体模式

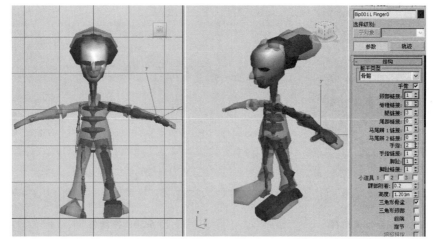

图 6-33　调整右侧匹配模型

"姿态"，如图 6-34 所示。

⑤ 同理，完成左侧胳膊的"姿态"复制和粘贴操作，如图 6-35 所示。

2. 添加蒙皮

（1）在视图空白处右击，全部解冻选中的"小怪物"模型。

（2）选择"小怪物"模型，单击"修改"按钮，再单击"修改器列表"下三角按钮添加 Physique 选项，如图 6-36 所示。

（3）打开浮动骨骼窗口单击"添加"按钮，在弹出的窗口中全部选中"BIP 骨骼"，单击"选择"按钮，如图 6-37 所示。

（4）选中骨骼"质心"Bip001，如图 6-38 所示。

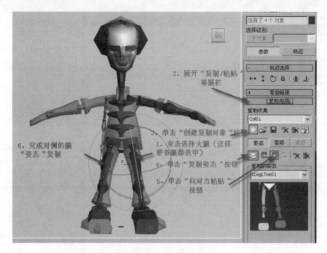

图 6-34　复制/粘贴

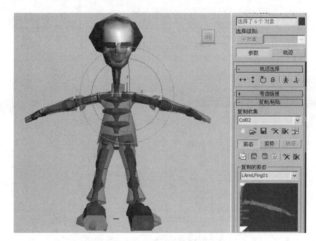

图 6-35　胳膊复制/粘贴

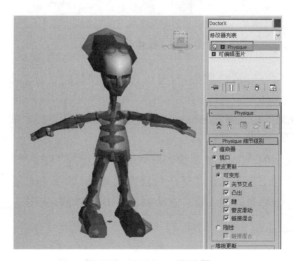

图 6-36　Physique 修改器

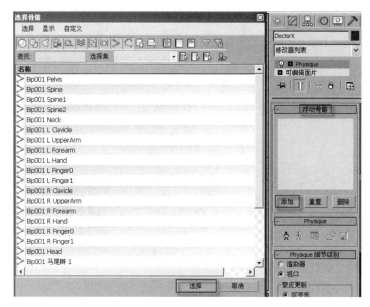

图 6-37　选择骨骼

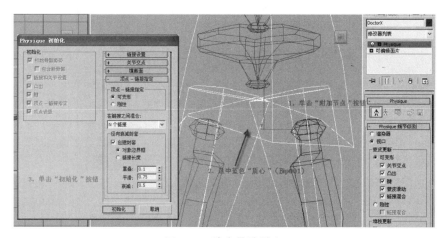

图 6-38　选中骨骼质心

（5）在任意窗口中左右拖动质心，看有没有不受控制的点。如果有就需要调节封套，如图 6-39 所示。

（6）调整封套大小，单击 Physique 选项左边的"＋"号，选择"封套"选项，如图 6-40所示。

（7）调整不受控制的点的封套参数，调节它的"强度"、"衰减"、"径向缩放"、"父对象重叠"、"子对象重叠"值，达到所有点都在封套内的效果，如图 6-41 所示。

（8）选中模型右击隐藏选定对象，场景中只留 BIP 骨骼，如图 6-42 所示。

3. 设置骨骼行走动画

（1）选中质心单击运动模块，在 Biped 卷展栏中启用足迹模式（标注 1），在"足迹创建"卷展栏中单击"创建多个足迹"按钮（标注 2），在弹出的对话框中选择要创建的足迹（标注 3），单击"确定"按钮后，最后单击"足迹操作"卷展栏中的"为非活动足迹创建关键点"按钮，如图 6-43 所示。

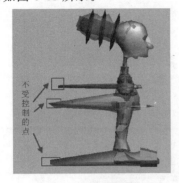

图 6-39　检查封套

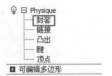

图 6-40　展开封套

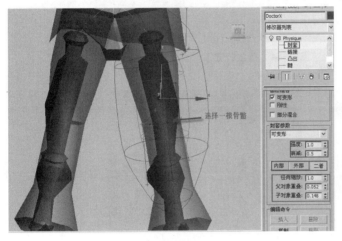

图 6-41　调整封套参数

图 6-42　隐藏模型

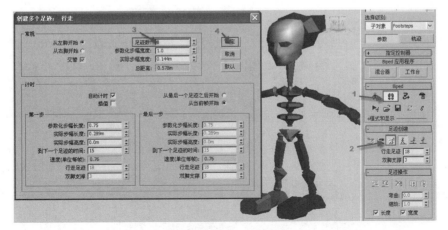

图 6-43　给骨骼添加"行走"动画

（2）单击 ▶ （播放）按钮查看骨骼行走状态，如图 6-44 和图 6-45 所示。

（3）禁用足迹模式，如图 6-46 所示。

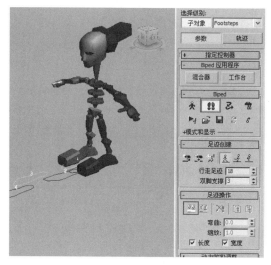

图 6-44　播放行走

图 6-45　查看骨骼行走

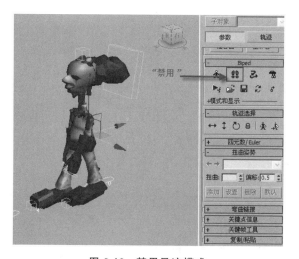

图 6-46　禁用足迹模式

（4）在视图空白处右击全部取消隐藏，在显示模式中隐藏骨骼和辅助对象，如图6-47所示。

图6-47 取消隐藏

（5）选中模型按快捷键 Alt＋X 取消透明显示，单击"播放"按钮即可看到前面所做的行走动作，如图6-48所示。

图6-48 播放小怪物动画

【本章小结】

本章简单介绍了 3ds Max 中的骨骼绑定以及动画设置的基本方法，3ds Max 的动画模块的知识内容十分丰富，在实际应用中可以根据需要更进一步地深入学习。

【课堂实训】

1. 尝试为国际象棋模型绑定骨骼，并添加简单动画，如图6-49所示。国际象棋模型在本书提供的"习题"文件夹下，第6章文件夹中。

任务：

（1）创建骨骼工具及鳍的参数调整；

（2）IK 链设置及参数调整；

（3）为骨骼添加蒙皮；

（4）调整封套大小；

（5）自动关键帧动画。

2. 尝试为人物模型绑定骨骼，并添加动画，如图 6-50 所示。国际象棋的模型在本书提供的习题文件夹下，第 6 章文件夹中。

任务：

（1）创建 Biped 骨骼工具；

（2）Biped 参数调整；

（3）为 Biped 骨骼添加 Physique；

（4）调整封套大小；

（5）Biped 的足迹动画模式；

（6）Biped 的足迹模式参数调整。

图 6-49　国际象棋模型

图 6-50　人物模型

3ds Max mental ray 渲染技术

1．mental ray 渲染器介绍

mental ray 是业内最好的渲染器之一，它的重要功能包括光线跟踪、采样控制、全局照明、焦散、专用灯光和阴影，以及专用的材质和贴图。

mental ray 由业内著名的德国 mental images 公司开发。自从 1989 年正式发布首个商业版本至今，其功能在不断完善与提高，并一直处在业内领先地位，拥有庞大的用户群体和广泛的技术支持。其功能包括完整的灯光、反射、折射、焦散、全局光等，能实现一流的电影、游戏、建筑渲染效果，特别是对于质量要求极高的电影特效领域，mental ray 更是备受青睐，与 RenderMan 一起被视为两大重要的电影级的渲染器，如大家熟悉的《星球大战》、《刀锋战士》、《黑客帝国》、《后天》等大片都广泛地应用了 mental ray 渲染器。

2．mental ray 基本流程

在使用 mental ray 渲染器的时候应遵循以下的基本流程。

（1）首先要将场景的渲染器由默认的扫描线渲染器指定为 mental ray 渲染器。

（2）为场景中的对象设置相应的材质，包括 3ds Max 自身的材质和 mental ray 材质。

（3）如果需要的话，为场景添加合适的背景图像，如渐变类型背景或 HDRI 高动态范围图像背景。

（4）为场景设置灯光，包括 3ds Max 自身的灯光类型和 mental ray 的两种灯光类型。

（5）架设摄像机，找一个合适的角度观察。

（6）设置对象的属性和 mental ray 渲染器必要的开关，如对象右键菜单中的"产生焦散"选项或者 mental ray 渲染器"焦散"或"全局照明"等开关。

（7）低品质测试渲染。将采样值和其他相关设置调节得尽量低一些，以加快渲染测试的速度。

（8）成品出图。设置完成后，最终渲染出图。

3．mental ray 中控制渲染质量与速度的主要参数

1）采样

控制 mental ray 渲染器采样质量的参数位于"渲染设置"窗口"渲染器"选项卡的"采样质量"卷展栏中，如附图 1 所示。

"最小值"、"最大值"用于控制图像的细腻程度。这两个值越大,图像的采样数就越多,所得到的画面质量也就越好,但会耗费较长的渲染时间;相反该值越小,图像就越粗糙,但能够提高渲染速度。因此一般在测试渲染时采用较低的值,而在渲染成品图时提高这两个值。"过滤器"选项组用于控制采样方式,从而进行图像抗锯齿处理,一般情况下Box 方式渲染速度快,但容易出现锯齿效果,而 Michell 方式能够达到较好的质量,但渲染速度较慢。

2）追踪深度

追踪深度用于控制 mental ray 渲染器渲染反射和折射的次数,如附图 2 所示,一般用于调节含有玻璃或金属这类具备反射和折射特征的对象的场景。一般情况下,最终深度设置得越高,反射或折射的次数就越多,从而形成的反射或透明程度越精细,但是会耗费较多的时间。

附图 1　采样质量

附图 2　反射和折射

3）渲染块宽度和顺序控制

"渲染块宽度"和"渲染块顺序"也是比较重要的渲染参数。在测试渲染时,通过控制渲染的先后顺序可以迅速地观察更新的区域,从而有效地提高工作效率,如附图 3 所示。

可以采用由上到下,由下到上,由左到右,由右到左,或者是螺旋的渲染顺序,默认为希尔伯特方式。

附图 3　"渲染块宽度"和"渲染块顺序"

4. mental ray 的专用灯光和阴影

3ds Max 在整合了 mental ray 渲染器后,新增加了两种 mental ray 灯光,一种是"mr 区域泛光灯";另一种是"mr 区域聚光灯"。相对来说,"mr 区域聚光灯"在制作中应用比较多。这两种灯光的名称都带"区域"字样,说明都可以作为面积光源产生照明效果,也就是说可以表现出真实的软阴影效果。在这两种灯光的参数中都包括一个"区域灯光参数"卷展栏,在这里可以使用 mental ray 灯光的类型和尺寸,只要提高相应的半径、高度或宽度,就能得到面阴影。一般情况下,灯光尺寸越大,阴影越柔和。

1）mr 区域泛光灯

"mr 区域泛光灯"在使用 mental ray 渲染器进行渲染时可以模拟球形或者圆柱形灯光的照明效果。当使用 3ds Max 的默认扫描线渲染器时,虽然也可以产生照明效果,但它的功能等同于标准泛光灯效果,只能得到点光源的照明效果。

2）mr 区域聚光灯

在使用 mental ray 渲染器进行渲染时,可以从矩形或圆形区域发射光线,产生柔和的照明和阴影效果。而在使用 3ds Max 的默认扫描线渲染器时,其效果等同于标准的聚光灯效果。

3)阴影

区域灯光是一种高级光源类型,它能产生真实的软阴影效果,也就是经常说的半影效果,具有相当真实的阴影虚实关系。虽说这种阴影效果在日常生活中随处可见,但是软阴影到底是什么样子? 仔细观察一些远离强光的对象的投影,会发现阴影在衰减,距离对象越远,影子越浅,并且越来越模糊,mental ray 提供的区域灯光就能够非常轻松地模拟出这样的阴影效果。不仅如此,在 3ds Max 中的 mental ray 的区域灯光的阴影计算速度很快,因此还是很有实用价值的。

但是 mental ray 并不支持所有的阴影类型,它只支持光线跟踪、阴影贴图和 mental ray 阴影贴图几种阴影类型,不支持区域阴影和高级光线跟踪阴影,在使用这两种类型的阴影时,mental ray 会将其自动转换为光线跟踪阴影的设置,使它们也能得到较为柔和的阴影。

5. mental ray 的专有材质

mental ray 渲染器除了支持原来的部分 3ds Max 材质外,还有自己专用的材质。当指定了 mental ray 渲染器后,打开"材质/贴图浏览器"对话框就能从中指定材质,mental ray 不支持标准材质(如无光投影材质会被隐藏起来),如附图 4 和附图 5 所示。

图附 4　mental ray 材质

附图 5　mental ray 支持的标准材质

1)mental ray 材质

mental ray 材质的控制项目比较少,主要是通过各组件加载不同的 Shader(明暗器)

来实现不同的效果。其设置与"mental ray 连接"卷展栏中的完全一样,不过 mental ray 材质球多了"凹凸"组件。其中 mental ray 基本的"基本明暗器"、"焦散和 GI"和"高级明暗器"选项组中几个重要贴图通道为:曲面、阴影、光子、光子体积和轮廓。

2)子曲面散射(3S)材质

子曲面散射材质也就是通常所说的 SSS(或称 3S)材质,它的全称是 Sub Surface Scatter(次表面散射),它适用于表现透光而不透明的物质,例如玉石、蜡烛、皮肤等。这些材质在受到光照,特别是强烈光线的照射时,看起来有一种晶莹剔透的感觉,这是由于光线穿透材质表面的一定深度内得到的照明效果。在以前如果表现这种效果要通过比较复杂的方法模拟,但从 3ds Max 7 版本加入了 SSS 材质后,就能够方便地得到非常真实的次表面散射材质效果了。

mental ray 提供了 4 种 3S 材质:SSS Fast Material(SSS 快速材质)、SSS Fast Skin Material(SSS 快速皮肤材质)、SSS Fast Skin Material＋Displacement(SSS 快速皮肤材质＋位移)、SSS Physical Material(SSS 物理材质)。其中 SSS Fast Material(SSS 快速材质)是最简单快速的计算方式,而 SSS Physical Material(SSS 物理材质)是最精确的 3S 材质。

3)Arch&Design 材质

mental ray 的 Arch&Design(建筑与设计)材质是在 3ds Max 9 中增加的一类专门用于建筑与工业设计的材质。它是基于物理法则而设计的材质模拟系统,擅长表现各种金属、木材和玻璃等硬表面材质,并且还内置了许多模板,从而使参数的调节更加方便快捷。此外它的细节表现力非常强,通过各种内置参数,可以快速而精确地调节出照片级的画面。

4)Autodesk 系列材质

mental ray 的 Autodesk 系列材质由原来的 ProMaterials 材质发展而来,它也是基于物理学参数而设计的一类专门用于建筑构造设计和环境表现的材质。尤其是对于实现世界尺寸的几何体和光度学灯光场景,该材质能够达到更佳的效果。这类材质可以和 Autodesk 的其他建筑软件(如 AutoCAD、Autodesk Revit 和 Autodesk Inventor)共享,内置了陶瓷、混凝土、玻璃、硬木、砖石、金属、金属漆、镜面、塑料、实心玻璃、石头、墙漆和水等建筑表现中常用的纹理,它们都进行了内部优化,包括参数较少,只需要简单的调节就能达到理想的效果。

5)Car Paint 车漆材质

mental ray 的 Car Paint Material(车漆材质)专门用于表现汽车表面类的金属漆效果。车漆分为 3 层,金属片涂料层、清漆层和 Lambertian 尘土层,不仅可以真实地再现金属烤漆工艺形成的各种细节,还能模拟附着在汽车表面的各种污渍。

6)Matte/Shadow/Reflection 材质

Matte/Shadow/Reflection(无光/投影/反射)材质在功能上类似于 3ds Max 自带的"无光/投影"材质,可以使照片背景与 3D 场景进行无缝合成。它不仅可以设置遮挡物体,还能调节出真实的阴影和反射效果,并且支持凹凸贴图、环境光阻挡及间接照明等高级技术。

6. mental ray 的专有贴图类型

mental ray 渲染器除了支持原来的部分 3ds Max 的 Shader(明暗器)之外,还有自己专用的 Shader(明暗器)和其他公司编写的 Shader(明暗器)。当指定了 mental ray 渲染器后,打开"材质/贴图浏览器"对话框,在"贴图"卷展栏的 mental ray 选项中就能看到这些 Shader(明暗器)了。

具体来说,mental ray 明暗器共 4 种,第 1 种是 3ds Max 专门为 mental ray 渲染器提供的一系列编制好的 Shader(明暗器)效果;第 2 种是 mental images 公司提供的 Shader(明暗器),这些 Shader(明暗器)来自三个 mental ray 的标准库,分别是 Base Shaders(base. mi)、Physics (physics. mi) 和 Contour Shaders (contour. mi);第 3 种来自于 Lumetools 公司专门为 mental ray 提供的 Shader(明暗器);第 4 种被称为产品明暗器,主要用于产品输出中的总体调节。在官方公开的 Shader(明暗器)中,还有一些 Shader(明暗器)被隐藏起来,用户只能通过脚本来调用它们。

7. mental ray 渲染特色

1) mental ray 的光线跟踪

mental ray 可以通过光线跟踪方式计算反射和折射效果,这种方式对从光源发出的光线进行采样跟踪,生成的反射和折射结果都符合物理规律,因此效果非常真实。

mental ray 的光线跟踪算法非常优秀,不仅质感真实,在速度上也比 3ds Max 的默认扫描线渲染器快得多。此外还可以对光线反射和折射的次数(深度)进行设定,从而控制渲染时间。

2) mental ray 的全局照明

mental ray 使用光子贴图技术来计算全局照明,可以使光线在场景中的对象之间来回反射,以至于没有被光源直接照明的部位也能够被照亮,全局照明还可以模拟对象之间的颜色渗透效果,从而得到更加真实的渲染图像。

为了渲染出全局照明效果,需要满足以下几个条件。

(1)场景中必须有能够发射光子的灯光。

(2)场景中必须有能够产生全局照明的对象。

(3)场景中必须有能够接受全局照明的对象。

(4)在"渲染设置"窗口"间接照明"选项卡的"焦散和全局照明"卷展栏中勾选"全局照明(GI)"选项组的"启用"复选框。

3) mental ray 金属和玻璃的焦散

焦散是光线受到反射或折射后投射到对象表面产生的照明效果,金属部分产生的光斑属于反射焦散,而红宝石部分投射出的光斑则属于折射焦散。mental ray 渲染器可以渲染焦散效果的原理是:使用光子贴图技术设置灯光发射出光子,并跟踪光子的传播路径,光子经过场景对象的反射和折射后到达对象表面,场景对象表面投射的光子信息就被存储在光子贴图中。

为了渲染出焦散效果,需要具备如下条件。

（1）场景中必须有投射光子的灯光，并且该灯光的对象属性中要启用产生焦散选项。

（2）场景中必须有产生焦散的对象。

（3）场景中必须有接受焦散的对象。

（4）在"渲染设置"窗口"间接照明"选项卡的"焦散和全局照明"卷展栏中勾选"焦散"选项组的"启用"复选框。

4）mental ray 的运动模糊

在使用真实的摄像机或者照相机拍摄时，如果场景中的对象有运动，或者镜头与场景发生相对移动，拍摄出的画面将会出现模糊。这是由于摄像机（或照相机）具有快门速度，在快门时间内运动对象影像叠加产生了模糊现象。mental ray 渲染器可以很好地模拟这种运动模糊效果，增强画面的真实感。不过，计算运动模糊会大大增加渲染时间。

使用 mental ray 渲染运动模糊效果，必须使用光线跟踪算法，即在"渲染设置"窗口"渲染器"选项卡的"渲染算法"卷展栏中勾选"光线跟踪"选项组的"启用"复选框，并且勾选"渲染器"选项卡"摄像机效果"卷展栏中"运动模糊"选项组的"启用"复选框。

mental ray 通过"快门持续时间（帧）"参数控制运动模糊的程度。该值为 0 时，表示没有运动模糊效果，该值越大，运动影像就越模糊。

对于粒子系统不建议使用 mental ray 运动模糊，因为这会极大地增加渲染时间。对于粒子系统建议使用"粒子运动模糊"贴图。

5）mental ray 景深

景深是使用真实摄像机拍摄时的一种效果，即距离镜头焦点平面越远的对象会越模糊。在摄影技术中常常利用景深来突出画面重点或者引导视线。mental ray 渲染器可以模拟真实的景深效果，但会增加渲染时间。

与运动模糊效果一样，使用 mental ray 渲染器计算景深效果也必须启用光线跟踪算法，还要在摄像机"修改"面板的"多过程效果"选项组中启用"景深（mental ray）"方式。注意不应该使用 3ds Max 自带的景深效果，否则会造成错误的渲染结果。

mental ray 使用摄像机的"目标距离"和"f 制光圈"参数控制景深效果。在摄像机"修改"面板的"参数"卷展栏的最下面可以看到"目标距离"值，mental ray 就是使用这个距离确定焦平面的位置。"f 制光圈"参数则是用来测量光圈大小的，"f 制光圈"值越小，光圈越大，景深效果越强烈，即远离焦平面的场景对象模糊越强烈；反之，"f 制光圈"值越大则景深效果越不明显。

6）mental ray 的天光和 HDRI

天光能够很好地模拟室外空间中的光线漫反射效果，是目前很流行的一种渲染技术。天光还可以配合 HDRI 贴图产生十分真实的照明效果。现在 3ds Max 拥有了对于 HDRI 贴图的支持，使其对于真实的照明又多了一种制作手段。

HDRI 贴图技术的原理是使用带有光照信息的图片作为光源对场景进行真实照明的一种技术，适用于室内和室外各类场景。它与传统照明最大区别就在于它的光照信息不是基于模拟的，而是 HDRI 贴图图片真实光源的照明，所以效果极其真实。原来使用这项技术一般都要依赖于 3ds Max 的一些渲染插件来实现，但从 3ds Max 6 版本开始就提供了对于 HDRI 贴图的支持，而且 mental ray 对于 HDRI 贴图同样提供了完美的兼容。

7）mental ray 的体积着色

体积着色是通过指定体积明暗器对三维体积进行着色，通常用于制作烟雾等效果，可以采用两种方式指定体积明暗器。

（1）指定到摄像机

采用这种方式相当于将整个场景作为一个体积进行着色。具体的方法是：打开 mental ray 的"渲染器"选项卡，单击"摄像机效果"卷展栏中"体积"右侧的按钮，弹出"材质/贴图浏览器"对话框，从中选择一个体积明暗类型。

（2）指定材质

对指定此材质的对象应用体积着色效果。具体的方法是：打开"材质编辑器"窗口，在材质的"mental ray 连接"卷展栏中单击"体积"右侧的按钮，并选择一种明暗器，也可以使用 mental ray 材质将明暗器指定给"体积"通道。

8）mental ray 的卡通效果

mental ray 的轮廓着色可以渲染出基于矢量的轮廓线，得到类似于卡通效果的图像。渲染轮廓线要求满足以下条件。

（1）首先为对象赋予轮廓线材质。如果是 3ds Max 类型的材质，应该在材质编辑窗口的"mental ray 连接"卷展栏中为"轮廓"通道指定轮廓明暗器；如果是 mental ray 类型的材质，则在其"高级明暗器"选项组中为"轮廓"通道指定轮廓明暗器。

（2）在"渲染器"选项卡的"摄像机效果"卷展栏中勾选"轮廓"选项组的"启用"复选框。"轮廓"选项组中的各项参数用于对输出的轮廓效果进行控制。

9）mental ray 的贴图置换

mental ray 的贴图置换与 3ds Max 标准材质中的贴图置换功能是相同的，都是使用贴图来细分模型的细节，但是与 3ds Max 标准材质中贴图置换不同的是，mental ray 的贴图置换增加的多边形只存储在 mental ray 场景数据库中，而不存储在 3ds Max 场景中，因此除了在渲染时，它们不会增加内存的占用。mental ray 的贴图置换功能非常出色，比 3ds Max 使用默认扫描线渲染器计算贴图置换的速度快很多，并且也更容易控制和操作。

附录二

3ds Max 2011 快捷键操作一览表

捕捉动作表

捕捉到 边界框切换	Alt＋F10
捕捉到 切点切换	Alt＋F11
捕捉到 曲线边切换	Alt＋F5
捕捉到 曲面中心切换	Alt＋F6
捕捉到 栅格线切换	Alt＋F7
捕捉到 垂足切换	Alt＋F9

Scene Explorer

打开场景资源管理器：［上次使用的］	Alt＋Ctrl＋O
关闭上次激活的场景资源管理器	Alt＋Ctrl＋P

主 UI

显示统计切换	7
环境对话框切换	8
设置关键点模式	'
向下变换 Gizmo 大小	—
返回一个时间单位	,
前进一个时间单位	.
删除对象	.
播放动画	/
放大视图窗口	［, Ctrl＋＝
声音切换	\
缩小视图窗口	］, Ctrl＋－
重画所有视图	`
向上变换 Gizmo 大小	＝
角度捕捉切换	A
锁定用户界面切换	Alt＋0
显示主工具栏切换	Alt＋6

对齐	Alt＋A
视图窗口背景	Alt＋B
背景锁定切换	Alt＋Ctrl＋B
取回	Alt＋Ctrl＋F
最大化显示	Alt＋Ctrl＋Z
使用轴约束捕捉切换	Alt＋D，Alt＋F3
捕捉到冻结对象切换	Alt＋F2
法线对齐	Alt＋N
循环活动捕捉类型	Alt＋S
更新背景图像	Alt＋Shift＋Ctrl＋B
放大 2X	Alt＋Shift＋Ctrl＋Z
循环捕捉打击	Alt＋Shift＋S
缩小 2X	Alt＋Shift＋Z
最大化视图窗口切换	Alt＋W
以透明方式显示切换	Alt＋X
缩放模式	Alt＋Z
底视图	B
摄像机视图	C
显示浮动对话框	Ctrl＋`
全选	Ctrl＋A
子对象选择切换	Ctrl＋B
全部不选	Ctrl＋D
缩放循环	Ctrl＋E
循环选择方法	Ctrl＋F
保持	Ctrl＋H
反选	Ctrl＋I
默认照明切换	Ctrl＋L
新建场景	Ctrl＋N
打开文件	Ctrl＋O
平移视图	Ctrl＋P
选择子对象	Ctrl＋PageDown
选择类似对象	Ctrl＋Q
环绕视图模式	Ctrl＋R
保存文件	Ctrl＋S
克隆	Ctrl＋V
缩放区域模式	Ctrl＋W
专家模式切换	Ctrl＋X
重做场景操作	Ctrl＋Y

撤销场景操作	Ctrl+Z
禁用视图窗口	D
选择并旋转	E
转到结束帧	End
前视图	F
渲染设置…	F10
MAXScript 侦听器	F11
变换输入对话框切换	F12
明暗处理选定面切换	F2
线框/平滑+高光切换	F3
查看带边面切换	F4
变换 Gizmo X 轴约束	F5
变换 Gizmo Y 轴约束	F6
变换 Gizmo Z 轴约束	F7
变换 Gizmo 平面约束循环	F8
按上一次设置渲染	F9
隐藏栅格切换	G
按名称选择	H
转到开始帧	Home
平移视图窗口	I
子对象层级循环	Insert
显示选择外框切换	J
设置关键点	K
左视图	L
材质编辑器切换	M
自动关键点模式切换	N
虚拟视图窗口缩小	NumPad −
虚拟视图窗口切换	NumPad /
虚拟视图窗口放大	NumPad +
虚拟视图窗口向下平移	NumPad 2
虚拟视图窗口向左平移	NumPad 4
虚拟视图窗口向右平移	NumPad 6
虚拟视图窗口向上平移	NumPad 8
自适应降级	O
用户透视图	P
选择子对象	PageDown
选择祖先	PageUp
捕捉开关	S

聚光灯/平行光视图	Shift＋4
快速对齐	Shift＋A
隐藏摄像机切换	Shift＋C
百分比捕捉切换	Shift＋Ctrl＋P
所有视图最大化显示	Shift＋Ctrl＋Z
显示安全框切换	Shift＋F
隐藏几何体切换	Shift＋G
隐藏辅助对象切换	Shift＋H
间隔工具	Shift＋I
隐藏灯光切换	Shift＋L
隐藏粒子系统切换	Shift＋P
渲染	Shift＋Q
隐藏图形切换	Shift＋S
隐藏空间扭曲切换	Shift＋W
重做视图窗口操作	Shift＋Y
撤销视图窗口操作	Shift＋Z
选择锁定切换	Space
顶视图	T
正交用户视图	U
选择并移动	W
变换 Gizmo 切换	X
所有视图最大化显示选定对象	Z

轨 迹 视 图

添加关键点	A
水平方向最大化显示	Alt＋Ctrl＋Z
水平最大化显示关键点	Alt＋X
缩放	Alt＋Z
背景	B
指定控制器	C
复制控制器	Ctrl＋C
下滚	Ctrl＋Down Arrow
应用减缓曲线	Ctrl＋E
应用增强曲线	Ctrl＋M
平移	Ctrl＋P
上滚	Ctrl＋Up Arrow
粘贴控制器	Ctrl＋V
缩放区域	Ctrl＋W

高光下移	Down Arrow
展开轨迹切换	Enter，T
获取材质	G
锁定切线切换	L
背光	L
向左轻移关键点	Left Arrow
转到上一个同级项	Left Arrow
移动关键点	M
展开对象切换	O
选项	O
生成预览	P
过滤器	Q
向右轻移关键点	Right Arrow
转到下一个同级项	Right Arrow
捕捉帧	S
锁定当前选择	Space
使控制器唯一	U
高光上移	Up Arrow
转到父对象	Up Arrow
循环切换 3X2、5X3、6X4 示例窗	X

Schematic View

移动子对象	Alt＋C
最大化显示	Alt＋Ctrl＋Z
释放所有项	Alt＋F
释放选定项	Alt＋S
使用缩放工具	Alt＋Z
添加书签	B
使用连接工具	C
选择所有节点	Ctrl＋A
选择子对象	Ctrl＋C
全部不选	Ctrl＋D
反转选定节点	Ctrl＋I
使用平移工具	Ctrl＋P
切换收缩	Ctrl＋S
刷新视图	Ctrl＋U
使用缩放区域工具	Ctrl＋W
显示浮动框	D

显示栅格	G
上一书签	Left Arrow
过滤器	P
重命名对象	R
下一书签	Right Arrow
使用选择工具	S，Q
选定范围最大化显示	Z

Active Shade

关闭	Q
绘制区域	D
切换工具栏(已停靠)	Space
选择对象	S
渲染	R

Video Post

添加新事件	Ctrl＋A
编辑当前事件	Ctrl＋E
添加图像过滤事件	Ctrl＋F
添加图像输入事件	Ctrl＋I
添加图像层事件	Ctrl＋L
新建序列	Ctrl＋N
添加图像输出事件	Ctrl＋O
执行序列	Ctrl＋R
添加场景事件	Ctrl＋S

Viewport Lighting and Shadows

启用硬件明暗处理	Shift＋F3

NURBS

设置细分预设 1	Alt＋1
设置细分预设 2	Alt＋2
设置细分预设 3	Alt＋3
显示明暗处理晶格	Alt＋L
CV 约束法向移动	Alt＋N
切换到曲线层级	Alt＋Shift＋C
切换到导入层级	Alt＋Shift＋I
切换到点层级	Alt＋Shift＋P

切换到曲面层级	Alt+Shift+S
切换到顶层级	Alt+Shift+T
切换到曲面 CV 层级	Alt+Shift+V
切换到曲线 CV 层级	Alt+Shift+Z
CV 约束 U 向移动	Alt+U
CV 约束 V 向移动	Alt+V
显示从属对象	Ctrl+D
选择 V 向的上一个	Ctrl+Down Arrow
按名称选择自身的子对象	Ctrl+H
显示晶格	Ctrl+L
选择 U 向的上一个	Ctrl+Left Arrow
选择 U 向的下一个	Ctrl+Right Arrow
软选择	Ctrl+S
显示工具箱	Ctrl+T
选择 V 向的下一个	Ctrl+Up Arrow
变换降级	Ctrl+X
按名称选择子对象	H
显示曲线	Shift+Ctrl+C
显示曲面	Shift+Ctrl+S
显示修剪	Shift+Ctrl+T
锁定 2D 选择	Space

可编辑多边形

顶点级别	1
边级别	2
边界级别	3
面级别	4
元素级别	5
对象层级	6
重复上次操作	;
切割	Alt+C
隐藏	Alt+H
隐藏未选定对象	Alt+I
全部取消隐藏	Alt+U
收缩选择	Ctrl+PageDown
扩大选择	Ctrl+PageUp
倒角模式	Shift+Ctrl+B
切角模式	Shift+Ctrl+C

连接	Shift＋Ctrl＋E
快速切片模式	Shift＋Ctrl＋Q
目标焊接模式	Shift＋Ctrl＋W
挤出模式	Shift＋E
约束到边	Shift＋X

编辑/可编辑网格

边不可见	Ctrl＋I
顶点层级	1
边层级	2
面层级	3
多边形层级	4
元素层级	5
切割模式	Alt＋C
焊接目标模式	Alt＋W
切角模式	Ctrl＋C
分离	Ctrl＋D
挤出模式	Ctrl＋E
边改向	Ctrl＋T
倒角模式	Ctrl＋V, Ctrl＋B
焊接选定项	Ctrl＋W

多边形选择

编辑软选择模式	7

编 辑 法 线

断开法线	B
对象层级	Ctrl＋0
法线级别	Ctrl＋1
顶点级别	Ctrl＋2
边级别	Ctrl＋3
面级别	Ctrl＋4
复制法线	Ctrl＋C
粘贴法线	Ctrl＋V
设为显式	E
重置法线	R
指定法线	S
统一法线	U

FFD

切换到顶层级	Alt+Shift+T
切换到晶格层级	Alt+Shift+L
切换到控制点层级	Alt+Shift+C
切换到设置体积层级	Alt+Shift+S

权　重　表

全选	Ctrl+A
全部不选	Ctrl+D
反选	Ctrl+I

编辑样条线

编辑软选择	7

编 辑 面 片

编辑软选择	7

编辑多边形

Select By Vertex	Alt+V
顶点级别	1
边级别	2
边界级别	3
多边形级别	4
元素级别	5
对象层级	6
重复上次操作	；
自动平滑	A
切割	Alt+C
切角设置	Alt+Ctrl+C
沿样条线挤出模式	Alt+E
明暗处理面切换	Alt+F
隐藏未选定对象	Alt+I
封口	Alt+P
重置切片平面	Alt+S
移除未使用的贴图顶点	Alt+Shift+Ctrl+R
全部取消隐藏	Alt+U
创建	C

倒角设置	Ctrl+B
分离	Ctrl+D
挤出设置	Ctrl+E
影响背面	Ctrl+F
插入设置	Ctrl+I
从边旋转设置	Ctrl+L
网格平滑设置	Ctrl+M
连接边设置	Ctrl+N
轮廓设置	Ctrl+O
收缩选择	Ctrl+PageDown
扩大选择	Ctrl+PageUp
使用软选择	Ctrl+S
细化设置	Ctrl+T
焊接设置	Ctrl+W
挤出模式	E
翻转法线	F
对齐到栅格	G
隐藏	H
插入模式	I
从边旋转模式	L
网格平滑	M
轮廓模式	O
平面化	P
切片平面模式	S
附加	Shift+A
断开	Shift+B
附加列表	Shift+Ctrl+A
倒角模式	Shift+Ctrl+B
切角模式	Shift+Ctrl+C
连接	Shift+Ctrl+E
在当前选择中忽略背面	Shift+Ctrl+I
快速切片模式	Shift+Ctrl+Q
移除孤立顶点	Shift+Ctrl+R
重复三角算法	Shift+Ctrl+T
目标焊接模式	Shift+Ctrl+W
插入顶点模式	Shift+I
塌陷	Shift+L
由边创建图形	Shift+M

分割边	Shift＋P
移除	Shift＋R
切片	Shift＋S
编辑三角剖分模式	Shift＋T
约束到边	Shift＋X
细化	T
对齐到视图	V
约束到面	X

HSDS

编辑软选择	7

编 辑 网 格

编辑软选择	7

体 积 选 择

编辑软选择	7

网 格 选 择

编辑软选择	7

网 格 平 滑

编辑软选择模式	7

面 片 选 择

编辑软选择	7

Physique

复制封套	Ctrl＋C
删除	Ctrl＋D
上一个	PageUp
上一选择级别	Shift＋
下一个	PageDown
粘贴封套	Ctrl＋V
重置封套	Ctrl＋E

投影修改器

编辑软选择	7

UVW 展开

最大化显示	Alt＋Ctrl＋Z
在视图窗口中显示接缝	Alt＋E
过滤选定面	Alt＋F
从堆栈获取面选择	Alt＋Shift＋Ctrl＋F
水平移动	Alt＋Shift＋Ctrl＋J
垂直移动	Alt＋Shift＋Ctrl＋K
加载 UVW	Alt＋Shift＋Ctrl＋L
垂直镜像	Alt＋Shift＋Ctrl＋M
水平镜像	Alt＋Shift＋Ctrl＋N
从面获取选择	Alt＋Shift＋Ctrl＋P
缩放	Alt＋Z
断开选定顶点	Ctrl＋B
编辑 UVW	Ctrl＋E
冻结选定对象	Ctrl＋F
隐藏选定对象	Ctrl＋H
展开选项	Ctrl＋O
平移	Ctrl＋P
捕捉	Ctrl＋S
纹理顶点目标焊接	Ctrl＋T
更新贴图	Ctrl＋U
选定的纹理顶点焊接	Ctrl＋W
缩放区域	Ctrl＋X
分离边顶点	D，Ctrl＋D
纹理顶点旋转模式	E
平面贴图面/面片	Enter
纹理顶点收缩选择	NumPad －，－
纹理顶点扩展选择	NumPad ＋，＝
纹理顶点缩放模式	R
缩放到 Gizmo	Shift＋Space
锁定选定顶点	Space
纹理顶点移动模式	W
最大化显示选定对象	Z

毛 发 样 式

梢	Ctrl＋1
导向	Ctrl＋2

顶点	Ctrl＋3
根	Ctrl＋4
梳	Ctrl＋B
剪切	Ctrl＋C
缩放	Ctrl＋E
丛	Ctrl＋M
站立	Ctrl＋N
蓬松	Ctrl＋P
旋转	Ctrl＋R
选择	Ctrl＋S
平移	Ctrl＋T
撤销	Ctrl＋Z
拆分毛发组	Shift＋Ctrl＋－
合并毛发组	Shift＋Ctrl＋＝
发梳平移	Shift＋Ctrl＋1
梳成站立	Shift＋Ctrl＋2
梳成蓬松	Shift＋Ctrl＋3
梳成丛	Shift＋Ctrl＋4
梳成旋转	Shift＋Ctrl＋5
发梳比例	Shift＋Ctrl＋6
衰减	Shift＋Ctrl＋A
忽略背面	Shift＋Ctrl＋B
切换碰撞	Shift＋Ctrl＋C
扩展选定对象	Shift＋Ctrl＋E
软衰减	Shift＋Ctrl＋F
隐藏选定对象	Shift＋Ctrl＋H
切换毛发	Shift＋Ctrl＋I
锁定	Shift＋Ctrl＋L
重梳	Shift＋Ctrl＋M
反转选择对象	Shift＋Ctrl＋N
选定弹出	Shift＋Ctrl＋P
旋转选择对象	Shift＋Ctrl＋R
重置剩余	Shift＋Ctrl＋T
解除锁定	Shift＋Ctrl＋U
显示隐藏对象	Shift＋Ctrl＋W
弹出大小为零	Shift＋Ctrl＋Z

群　　组

解算	S

Biped

设置关键点	0
TV 选择足迹的起点	Alt＋A
复制/粘贴——向对面粘贴	Alt＋B
复制/粘贴——复制	Alt＋C
缩放过渡	Alt＋Ctrl＋E
固定图表	Alt＋Ctrl＋F
TV 选择足迹的终点	Alt＋D
重置所有肢体关键点	Alt＋K
移动所有——塌陷	Alt＋M
设置动画范围	Alt＋R
TV 选择整个足迹	Alt＋S
轨迹栏——切换 Biped 的关键点	Alt＋T
复制/粘贴——粘贴	Alt＋V
播放 Biped	V

反应管理器

设置最大影响	Ctrl＋I
设置最小影响	Alt＋I

粒　子　流

粒子发射切换	;
粒子视图切换	6

粒　子　流

选定粒子发射切换	Shift＋;

粒　子　流

复制粒子视图中的选定项	Ctrl＋C
选择粒子视图中的全部内容	Ctrl＋A
在粒子视图中粘贴	Ctrl＋V

ActiveShade（扫描线）

初始化	P

更新	U

粒 子 流

打开"粒子流预设管理器"对话框	Alt+Ctrl+M
清理粒子流	Alt+Ctrl+P
同步粒子流层	Alt+Ctrl+L
修复粒子流缓存系统	Alt+Ctrl+C
重置粒子视图	Alt+Ctrl+R

View Cube

主栅格	Alt+Ctrl+H
切换 ViewCube 可见性	Alt+Ctrl+V

Steering Wheels

减少行走速度	Shift+Ctrl+,
漫游建筑轮子	Shift+Ctrl+J
切换 SteeringWheels	Shift+W
增加行走速度	Shift+Ctrl+.

SME

删除选定对象	.
将材质指定给选定对象	A
移动子对象	Alt+C
启用全局渲染	Alt+Ctrl+U
最大化显示	Alt+Ctrl+Z
平移至选定项	Alt+P
自动更新选定的预览	Alt+U
缩放工具	Alt+Z
布局子对象	C
全选	Ctrl+A
选择子对象	Ctrl+C
全部不选	Ctrl+D
反选	Ctrl+I
平移工具	Ctrl+P
选择树	Ctrl+T
缩放区域工具	Ctrl+W
重命名	F2
显示栅格	G

隐藏未使用的节点示例窗	H
布局全部	L
导航器	N
材质/贴图浏览器	O
参数编辑器	P
选择工具	S
更新选定的预览	U
选定最大化显示	Z

穿　行

减小步长	[
增加步长	]
左	A，Left Arrow
重设置步长	Alt＋[
下	C，Shift＋Down Arrow
右	D，Right Arrow
上	E，Shift＋Up Arrow
加速切换	Q
后退	S，Down Arrow
度	Shift＋Space
锁定垂直旋转	Space
前进	W，Up Arrow
减速切换	Z

宏　脚　本

渲染到纹理对话框切换	0
子对象层级 1	1
子对象层级 2	2
子对象层级 3	3
子对象层级 4	4
子对象层级 5	5
参数编辑器	Alt＋1
参数收集器	Alt＋2
收集参数 SV	Alt＋3
收集参数 TV	Alt＋4
参数关联对话框…	Alt＋5
剪切（多边形）	Alt＋C
塌陷（多边形）	Alt＋Ctrl＋C

沿样条线挤出（多边形）	Alt＋E
几何选择可见性切换	Alt＋G
隐藏（多边形）	Alt＋H
隐藏未选定对象（多边形）	Alt＋I
选择子对象循环	Alt＋L
封口（多边形）	Alt＋P
孤立当前选择	Alt＋Q
选择子对象环形	Alt＋R
全部取消隐藏（多边形）	Alt＋U
添加/编辑参数…（TV）	Ctrl＋1
启动参数关联…	Ctrl＋5
从视图创建摄像机	Ctrl＋C
网格平滑（多边形）	Ctrl＋M
增长选择（多边形）	Ctrl＋PageUp
智能选择	Q
倒角（多边形）	Shift＋Ctrl＋B
切角（多边形）	Shift＋Ctrl＋C
连接（无对话框）（多边形）	Shift＋Ctrl＋E
忽略背面（多边形）	Shift＋Ctrl＋I
切片（多边形）	Shift＋Ctrl＋Q
焊接（多边形）	Shift＋Ctrl＋W
挤出面（多边形）	Shift＋E
资源追踪…	Shift＋T
边约束切换（多边形）	Shift＋X
穿行视图模式	Up Arrow

参 考 文 献

[1] 赵卫东. 3ds Max 2010 基础教程[M]. 上海：同济大学出版社，2010

[2] 新视角文化行. 3ds Max 2010 中文版实战从入门到精通[M]. 北京：人民邮电出版社，2010

[3] 陈彧，罗科勇. 3ds Max 项目化实训教程[M]. 北京：北京理工大学出版社，2010

[4] 杨鲁新. 三维动画实训教程——3ds Max 2009[M]. 北京：中国水利水电出版社，2010

[5] 陈伟. 中文 3ds Max 9.0 案例应用教程[M]. 北京：高等教育出版社，2010

[6] 丁峰. 3ds Max 2010 实用教程[M]. 北京：电子工业出版社，2010

[7] 丁勇. 3ds Max 9.0 中文版循序渐进[M]. 北京：中国轻工业出版社，2011

[8] 亓鑫辉. 3ds Max 2011 火星课堂[M]. 北京：人民邮电出版社，2011

[9] 阳菲. 3ds Max 2010 完全学习手册[M]. 北京：科学出版社，2011

[10] 成昊. 新概念 3ds Max 2011 中文版教程[M]. 北京：科学出版社，2011

推荐网站

[1] 游戏兵工厂 http://ziyuan.dogame.com.cn/

[2] 3DMAX 俱乐部 http://www.3dmax8.com/

[3] 3D 侠 http://tu.3dxia.com/

[4] 火星时代 http://www.hxsd.com.cn

[5] 天极网 http://design.yesky.com

[6] 中国教程网 http://bbs.jcwcn.com

[7] MAX 中国 http://www.3dsmax.com.cn/

[8] 21 互联远程教育网 http://dx.21hulian.com

[9] 敏学网 http://www.minxue.net

[10] 水晶石网 http://www.crystaledu.bj.cn

[11] 3D 学习网 http://www.3dscg.com